火力渗透贯通煤炭地下气化

柳吉祥　周仕学　王彦洪　著

科学出版社

北　京

内 容 简 介

本书系统地论述了煤炭地下气化工程中开拓火焰工作面的火力渗透贯通法,分析了地下气化盘区钻孔和高压空气火力渗透贯通的影响因素,阐释了煤炭地下气化反应过程的气化原理、析气过程、温度分布和热力循环,指出了控制地下气体流通和防止地下鼓风损失的方法,描述了地下气化煤气的净化工艺和设备,提出了煤气用于燃气轮机发电的技术路线。

该书可作为从事煤炭开采、煤气化、煤化工、燃气发电等方面工作的科研和工程技术人员参考,亦可用作高等学校采矿工程、矿物加工工程、化学工程与工艺等专业大学生的教材或教学参考书。

图书在版编目(CIP)数据

火力渗透贯通煤炭地下气化/ 柳吉祥,周仕学,王彦洪著. —北京:科学出版社,2018

ISBN 978-7-03-057048-2

Ⅰ. ①火⋯ Ⅱ. ①柳⋯ ②周⋯ ③王⋯ Ⅲ. ①煤炭-地下气化-研究 Ⅳ. ①TD844

中国版本图书馆CIP数据核字(2018)第056051号

责任编辑:刘翠娜 / 责任校对:彭 涛
责任印制:张 伟 / 封面设计:无极书装

科 学 出 版 社 出版
北京东黄城根北街 16 号
邮政编码:100717
http://www.sciencep.com
北京教图印刷有限公司 印刷
科学出版社发行 各地新华书店经销
*
2018 年 4 月第 一 版 开本:720×1000 B5
2018 年 4 月第一次印刷 印张:7 1/2
字数:100 000
定价:98.00 元
(如有印装质量问题,我社负责调换)

作 者 简 介

柳吉祥 山东科技大学教师，毕业于东北工学院(现东北大学)，曾任山东矿业学院科研处主管副处长、《山东科技大学学报》编辑部副主任兼主编、化工系教学副主任。山东力学学会副秘书长、山东机械工程学会管道输送学组组长。讲授过 14 门课程，编写 3 部专著，进行了三项设计和一项可行性研究；发表学术论文 10 篇(其中 1 篇获山东省优秀论文奖二等奖)；主编《山东矿业学院学报》18 期，根据在山东矿业学院召开的国际采矿研讨会，作为副主编，编辑论文集 4 册。1996 年 1 月 2 日退休，为山东科技大学的管理、教学、科研及学术活动工作了 36 年。

退休后又完成了两部专著：一部是《中国当代建筑论坛》(上、下册)，于 1997 年在山东大学出版社出版；另一部是《火力渗透贯通煤炭地下气化》，将于 2018 年在科学出版社出版。本人事迹被收入《当代世界名人传》(中国卷)等多部传记类著作。2002 年被北京人智素质教育研究所聘请为客座教授，被北京时代学人文化研究院授予"终身研究员"荣誉称号，2003 年被评为山东科技大学"优秀共产党员"，2015 年被山东科技大学评为"五好家庭"。

王彦洪 男，汉族，1966年12月生，研究生学历，副研究员。现任山东永兴信息科技有限公司、山东源能环保科技有限公司董事长。济南市第十六届人民代表大会代表，山东省节能环保产业联盟副理事长，山东省低碳协会理事，山东省区域能源学会理事，济南市节能协会副会长，济南市历下区工商联副主席，济南费县商会会长。

长期致力于新能源与节能环保产业技术的研发与商业应用研究，并取得可喜的研究成果。1994年12月至2013年8月，在国家和省部级刊物上发表学术论文14篇，这些学术论文的观点得到相关专家、学者和企业家的广泛认同，在相关行业和领域均取得很好的应用效果。

出版专著3部，取得国家发明专利6项，实用新型专利8项，主要涉及工业余热利用、节能环保技术、新能源等领域，其中，"一种井口防冻保温系统、空压机高效油-水换热系统""一种矿山井口加热器自动排水防冻系统""水熄焦的除尘、脱硫、收水、提热系统""新型高效生物质燃烧器及燃烧工艺"技术在山东省30多家工矿企业得到成功应用，取得了明显的社会效益和可观的经济效益。

前　言

　　长久以来，乃至当今，人类社会热能的主要来源是煤炭的燃烧热，它推动着社会的进步和发展，使人类进化到文明时代。时至今日，随着文明社会的发展，污染给人类的健康带来了严重的威胁。但是，热能和热电还离不开煤炭的燃烧。要建设绿色的现代化中国，必须要解决污染问题。污染源多种多样，煤炭的燃烧污染只是其中一种。就煤炭燃烧污染而言，转化是一种好办法。烧煤改为烧燃气，即把多分子组分的煤炭转化为单一分子组成的煤气。煤气是清洁能源，既保留着原煤中的热能，使用时又符合环境保护的要求。若煤炭在煤原产地下完成这种转化肯定是防止污染极好的开采方法。从这点考虑，我们撰写了《火力渗透贯通煤炭地下气化》，作为对国家对我培养多年的回报，也为我国"煤炭地下气化"研究尽点责任、出点力气。本书包括建炉、析气、气用，论述了火力渗透开拓建造煤炭地下气化发生炉、气化原理与析气过程、煤气的净化与燃气发电。撰写本书的目的在于以下三点：第一，煤炭地下气化是一项回收利用煤矿井下残余煤炭的技术，开采过的煤矿区留有大量煤柱未采，不能永远留在地下，白白浪费国家资源。回收这部分远古太阳光合作用留给人类的能量的最好方法是在煤的原产地将固体煤炭转化为气体燃料。第二，我国是个煤炭大国，褐煤、烟煤埋藏量非常丰富，为减轻煤炭燃烧时的环境污染，煤炭地下气化是煤炭开采与环境保护的好方法。煤炭地下气化的残渣留于地下，煤气是清洁能源、人工合成原料气源及发电原料，所以，无论是作为民用煤气、动力煤气，还是作为原料气使用，都是减少污染的能量源泉，为人民幸福生活和国家现代化发展建设起重要作用。第三，煤炭地下气化是一项非常复杂的工程，为尽快入门，为开发和创业的同仁提供方便，也为自己留个纪念。

水平不高，抛砖引玉，请多多指教！

作 者

2016 年 1 月 2 日

目　　录

第1章 火力渗透开拓建造地下煤气发生炉

煤炭地下气化首先是从地面向地下煤层开凿钻孔,依据地质条件的不同,采用垂直钻孔、倾斜钻孔或曲钻孔的方法开拓煤层;其次是在各钻孔的底部沿煤层开拓气化通道,以便在煤层中实现气化过程,这样便构造了一座地下煤气发生炉。气化通道的开拓是煤炭地下气化的主要工作,常用火力渗透法开拓建造地下煤气发生炉,本书将以一个地下煤气发生炉为例进行阐述。

1.1 生产盘区的几个指标

煤炭地下气化站将选定的气化煤田分成若干个盘区,每排钻孔10~12个,钻孔间距25~50m,每排宽度300~400m。在每个划分好的盘区上,按气化的小时产量和每个钻孔的小时排气能力,决定每排钻孔的具体数量。根据盘区的设计服务期限,决定打钻的盘区数量。例如,一个盘区的煤气排量达不到气化站的设计产量,可以由两个或两个以上气化盘区平行工作,同时生产煤气。为了不影响邻近盘区的准备工作,盘区间要预留煤柱。

建成地下煤气发生炉后,根据气化煤区的水文地质特点,应开拓排水渠道,以便在生产前和生产期间将地下水排出。

1.1.1 盘区气化煤储量

盘区气化煤储量 Q 的计算公式为

$$Q = (a + 2b) \times h \times \xi \times m \tag{1.1}$$

式中,ξ 为煤层的密度,t/m^3;m 为煤层的厚度,m;a 为沿煤层倾斜布置的边缘通道间的距离,m;b 为煤层气化沿走向扩展到边缘通道中心线之外的距离,m;h 为沿煤层倾斜钻进到燃烧带的气化通道长度，m。

1.1.2　盘区生产服务期限

盘区生产服务期限 T（单位为天）的计算公式为

$$T = \frac{Q \times 1000 \times V \times \mu}{Q_{用} \times 24} \tag{1.2}$$

式中，Q 为煤储量，t；V 为每千克煤的气化产率，m^3/kg；μ 为回收率；$Q_{用}$ 为每小时耗用煤气量，m^3。

如果气化煤层是缓倾斜煤层或水平煤层时，可由 4 个钻孔组成气化盘区，则可由式（1.3）计算生产服务期限 T：

$$T = \frac{a \times b \times m \times \xi \times 1000 \times V \times \mu}{Q_{用} \times 24} \tag{1.3}$$

式中，b 为两个钻孔间的横向距离，m；a 为两个钻孔间的纵向距离，m。

式（1.3）计算的是盘区生产服务期限，若盘区由 n 个单元组成，则生产服务期限应乘以 n。

1.1.3　回收率计算

煤炭地下气化开采时，无法将地下储量全部开采出来，煤炭及由于煤气漏损而不能回收的煤量，都列为煤炭损失；煤炭损失的大小关系到煤炭地下气化站的生产服务期限和煤气生产成本。煤炭储量的损失率计算如下：

$$P = \frac{S}{Q'} \times 100\% \tag{1.4}$$

式中，P 为煤炭储量的损失率，%；S 为煤炭储量的损失量，t；Q' 为盘区气化煤储量应采出煤量，t。

实际工作中，可以将煤炭储量的回收率表示为

$$q = \frac{Q' - S}{Q'} \times 100\% \tag{1.5}$$

式中，q 为煤炭储量的回收率。

1.2　地下煤气发生炉的疏干工作

确定煤炭地下气化煤层在气化过程中最适宜的需水量是很重要的，它可以判断煤气发生系统的平衡情况。水平衡可能为正，也可能为负。正平衡时，可以降低钻孔的水位来排除气化区的水，也可以通过增加风量提高水蒸气的分解系数；还可以通过增加氧的浓度来提高水蒸气的分解系数。负平衡时，增加煤气系统的水量，可以通过将水蒸气加入送风中，或将水经专门的钻孔送到燃烧带来调节。

煤炭地下气化系统，若超过适宜的水量，气化开始前排除气化煤层中的存水将煤层疏干；在气化过程若继续涌水，则要进行排水，使煤层保持最适宜的水量。

地下煤气发生炉的疏干分为预先疏干和生产阶段疏干。预先疏干只有在地下水静止储量很大和影响气化析气区时采用，生产阶段疏干是为防止地下水大量渗入火燃工作面，保证气化过程正常进行而配合进行的生产疏干。地下煤气发生炉的疏干系统有垂直钻孔排水系统和垂直-倾斜钻孔排水系统，其中垂直-倾斜钻孔排水系统的效果最好。一般在地下煤气发生炉的范围内，由 2 个倾斜钻孔、最初的气化通道(排水渠)及 2 个或 3 个垂直钻孔组成，倾斜钻孔则是顺气化煤层的倾斜和在气化炉破坏区范围外才能开凿，钻孔直径为200mm。通过煤层，燃烧扩大断面。

地下煤气发生炉范围内的排水，初期依靠垂直钻孔，此时倾斜钻孔用于防止地下水进入地下煤气发生炉。气化煤层含水量小于$1.0m^3/h$，可以不预先疏干。地下煤气发生炉工作时，被水泵排出的水，经火焰工作区，水温被加热到 70～80℃，所以应选用耐高温的水泵。为保证能成功实现煤炭地下气化过程，复杂水文地质条件下，地下水位应降至煤层底板 2～3m 处，许多情况下要降至煤层底板以下 5～6m 处。

调节地下煤气发生炉的含水状况，对提高煤气产品的热值具有重要意义。为防止地下水渗入地下煤气发生炉，破坏正常的煤炭地下气化生产过程，要进行预先疏干。地下水消耗地下煤气发生炉总热量的35%时，将破坏煤炭地下气化过程的稳定性，所以其热能损失应降到消耗地下煤气发生炉总热量的5%～8%。

在不预先疏干的情况下，建立气化通道（高压火力贯通），在气化前和气化进行时利用贯通通道系统疏干煤层。煤炭地下气化疏干系统示意图如图1.1所示。

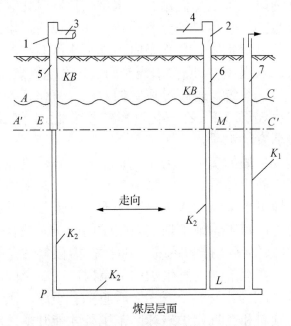

图1.1　煤炭地下气化疏干系统示意图

1、2-钻孔口；3、4-空气和煤气管道；5、6-钻孔套管；7-排水钻孔套管；AC-煤层露头；$A'C'$-煤层开拓线，它是套管放入钻孔内的标线和上部工作的界限；$EMLP$-气化煤层面积；KB-煤层开拓通道；K_2-气化通道；K_1-排出地下水通道

1.3　地下煤气发生炉钻孔的开拓

用火力渗透法在气化煤田上进行煤炭地下气化的过程以盘区为单位。一个盘区由4个钻孔构成（一个气化炉），根据生产规模的要求可由n个盘区组成一个气化站。地下煤气发生炉的工艺过程比地上煤气发生炉复杂得多。其钻孔的开拓受各种因素的影响，如水文

地质条件、地下水的影响，煤层和围岩渗透性的影响，煤层上覆岩层压力的影响，煤和围岩热力性能的影响等。

1.3.1　钻孔间距

在气化盘区内沿煤层走向布置鼓风钻孔和排气钻孔，气化向煤层的倾斜方向推进。

每个钻孔在煤层中都有自己的影响面积，半径有大有小，当相邻两个钻孔的影响面积相互交错时，可造成两个钻孔间的气体流通。钻孔间维持不同的压力能提高气体的流动能力。如果不合理地扩大钻孔间距，可能破坏气化过程。钻孔间距取决于气化时煤炭储量的损失量、气化煤层的赋存地质条件和工艺要求。钻孔间距与气化过程中煤炭储量的损失量有关，如莫斯科近郊气化站，具体见表 1.1。

表 1.1　莫斯科近郊气化站

钻孔间距/m	40×25	35×25	30×25	25×25
煤炭储量的损失量/%	52	46	37	21

莫斯科近郊气化站煤气热值与钻孔间的贯通通道长度的关系见表 1.2。

表 1.2　莫斯科近郊煤气热值与钻孔间的贯通通道长度的关系

通道长度/m	25	50	75
煤气热值/(kcal/m³)	1025	870	750

注：1kcal=4.1868 × 10^3J。

从表 1.1 中可以看出，钻孔间距为 25m×25m 的煤炭储量的损失量最小。改变钻孔鼓风强度，还可以防止"内部鼓风"。增加钻孔间距(如 25m×30m 或 25m×35m)，煤气质量稳定，可减少打钻孔和连通钻孔的工作量及费用。但会引起围岩和顶板的破裂，还会引起二次燃烧，贯通通道难度也会增大。

贯通方法也与钻孔间距有密切关系，如果贯通所形成的气化通道使煤层的透气性或裂隙均匀分布、通道截面规整，气化时就能使煤层中煤炭储量更多地参加气化而减少煤炭储量的损失，因而可以增大钻孔间距。因此，适当的钻孔间距是气化过程顺利进行的重要因素。综合考虑钻孔间距以 25m×25m 的方形、35m×25m 的长方形为宜。例如，徐州新河二号井煤炭地下气化的钻孔间距为 168m，在合成原料气制取富氢的钻孔间距可达 90～100m。

1.3.2　气化盘区钻孔直径

气化盘区的钻孔直径取决于鼓风量的大小、压头损失、电力耗量、套管价格等因素。最大的钻孔直径为 700mm，一般则为 150～300mm。在缓倾斜或水平煤层，一般用垂直钻孔；在厚煤层及急倾斜煤层，则采取倾斜钻孔或曲钻孔。沿煤层倾斜方向的气化通道是借打钻孔实现的，而沿煤层走向的气化通道则是用火力渗透贯通实现的。

钻孔直径的大小影响钻孔费用，直接决定送风量。送风量增加，则加热煤层顶板的作用增大，加热的单位热损耗减少，氧化带及还原带的温度提高，有利于气化反应的进行，从而使煤气产品的热值增加。但送风量过度增加，则会使氧化带变短，还原带末端温度降低，不利于气化反应的进行。当鼓风量减少时，产品煤气热值降低。所以在尽可能获取最大热值及最大煤气产量的情况下，钻孔直径越小越好。

钻孔直径最合理的选取由多次试验决定。由鼓风量为主要因素来考虑钻孔直径，用式(1.6)计算：

$$d = \sqrt{4(V_风 / 60)\pi W_s} \tag{1.6}$$

式中，$V_风$ 为鼓风量，m^3/min；W_s 为气体在进口时的速度，m/s，取 W_s=10m/s；d 为钻孔直径，mm。

进风口断面根据鼓风量和煤气产量而定。

1.3.3　钻孔和套管面的加固

钻孔打完后，为防止钻孔壁的倒塌、气流漏泄，以及利用钻孔送风和作为排出煤气的通道，必须进行固孔工作。固孔工作包括在钻孔内下套管、在钻孔壁与套管间进行充填和在套管地面部分封固水泥圈。钻孔套管有表层套管、中间套管和煤层套管。煤层套管从地面直接下入煤层，地面下入煤层的深度一般在煤层全厚靠近底板1/3 处。煤层气化时，采取分层气化，套管分别下到各层。套管选用无缝钢管，两头带有一定锥度公扣，用两头带同样锥度的接箍将套管连接起来，组成套管柱。无缝钢管也可以用套管固定扣固定，如图 1.2 所示。钻孔的寿命为贯通时间、气化送风时间和排气孔使用时间之和。缓倾斜煤层和水平煤层每个钻孔的寿命为 4 个月，急倾斜煤层为 6 个月。

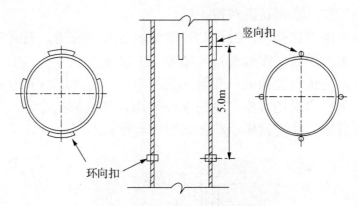

图 1.2 套管固定扣布置图

　　充填液采用水泥-黏土浆液，400 号或 500 号水泥与当地土配成浆液，作充填液。套管与孔壁的加固可用混土泵管道输送充填料进行充填施工作业。

　　充填液应具有下列性质：

　　(1)在短时间内具有将流体状态变为固体状态的固结和硬化特性；

　　(2)保证具有用水泵自由压送充填液的流动性；

　　(3)充填液均匀，不产生分离现象；

　　(4)有一定的热强度，在温度为 400～500℃时保证机械强度；

　　(5)保证套管和钻孔壁间没有透气性；

(6)在生产条件下制备这种充填液的工艺原料，应是当地的材料。

在贯通和气化过程中，套管下部煤燃烧的高温地带使套管变形；高温煤气从钻孔中排出时，套管产生热延伸，导致水泥柱受到破坏及整个套管变形，套管连接处撕裂或变软，煤层析气之后岩石发生移动，使套管撕裂。套管外空间密闭性被破坏，尤其是套管的撕裂造成了气流向上部岩层内的漏失量剧烈增加，以及上部含水层中大量地下水进入地下煤气发生炉，甚至使其不能进行气化。所以用水泥黏土浆液充填管外空间的钻孔，保证了钻孔的密闭性，能满足生产工艺要求。

钻孔中套管的回收对气化生产提高经济性非常重要，但这又是个麻烦的工作，必须认真对待。

若为两段气化循环，鼓风钻孔管道设水蒸气管道，表面涂有保温材料厂生产的新型保温材料。如图 1.3 所示。充分利用出气孔煤气的显热，与进气孔构成一套管热交换器，一方面起预先冷却煤气的作用，另一方面还可将产生的水蒸气送入鼓风钻孔管道，供地下气化还原作用。热交换器示意图如图 1.4 所示。

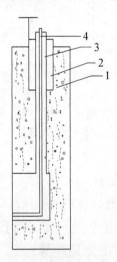

图 1.3　进、出气孔结构图

1-换热器；2-蒸汽管；3-排气管；4-送入管

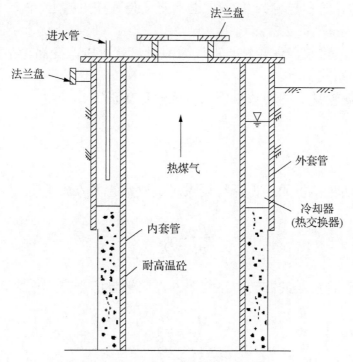

图 1.4　热交换器示意图

1.3.4　涡轮钻机

　　涡轮钻机的钻头上部装有涡轮钻具，当高压泥浆通过钻杆进入涡轮时，泥浆液流冲击力使涡轮旋转，从而带动钻头旋转。从水泵压入的泥浆液流经钻柱流入涡轮钻具的异径接头，流向主轴上端，经由轴承进推盘、止推环组成的止推轴承下面的间隙，进入导轮，并驱动翼轮使主轴旋转。液流作用的反力矩由异径接头及钻杆承受，通过导轮和翼轮的液体，沿主轴的中心流入轴头，清洗井内岩粉并使钻头冷却。

　　止推轴承、中轴承和轴承用以防止主轴的轴向推移和横向弯曲。主轴的下端有公接头用以连接钻头和钻杆，"$T_{14}M_1\text{-}9\frac{3}{4}$"型涡轮钻具的导轮和异轮共 96 对，上下交叉装置在主柱上，涡轮钻具外径为 200mm，重 2.2t。

如果改进泵入涡轮钻具的泥浆液量，就可以改变涡轮钻具的特性，其关系式如下。

(1)涡轮钻机的转数与泵入泥浆液量成正比。

$$\frac{n_1}{n_2} = \frac{Q_1}{Q_2} \tag{1.7}$$

(2)涡轮钻机的压力降与泵入泥浆液量的平方成正比。

$$\frac{p_1}{p_2} = \frac{Q_1^2}{Q_2^2} \tag{1.8}$$

(3)涡轮钻具的回转力矩与泵入泥浆液量的平方成正比。

$$\frac{M_1}{M_2} = \frac{Q_1^2}{Q_2^2} \tag{1.9}$$

(4)涡轮钻机的轴功率与泵入泥浆液量的立方成正比。

$$\frac{N_1}{N_2} = \frac{Q_1^3}{Q_2^3} \tag{1.10}$$

(5)泥浆密度的变化和涡轮特性的主要参数的变化成正比(密度增加，转数不变)。

$$\frac{M_1}{M_2} = \frac{P_1}{P_2} = \frac{\gamma_1}{\gamma_2} = \frac{Q_1}{Q_2} \tag{1.11}$$

(6)涡轮钻机的轴功率。

$$N = \frac{KQH\eta}{75} \tag{1.12}$$

(7) 涡轮钻具的回转力矩。

$$M = 716.2 \frac{N}{n} \qquad (1.13)$$

(8) 钻头上的圆周应力。

$$P = \frac{2M}{D} = 1432.4 \frac{N}{\pi D} \qquad (1.14)$$

(9) 涡轮钻具的级数和转数的关系。

$$\frac{n_1^2}{n_2^2} = \frac{K_1}{K_2} \qquad (1.15)$$

式中，Q 为泥浆流量，kg/s；K 为涡轮钻具的级数；η 为涡轮钻具的有效系数，%；p_1、p_2 为涡轮钻机的每级压力降，mH_2O；H 为涡轮钻具的功率，hp①；M 为涡轮钻具的回转力矩，kg·m；D 为钻头直径，m；P 为钻头上的圆周应力，kg/m^3；N 为涡轮钻机的轴功率，hp；γ_1、γ_2 为泥浆密度；n 为涡轮钻具的转数，r/min。其中，转数与泥浆密度无关，泥浆黏度对涡轮机参数在一定范围内无影响。

应用涡轮钻机钻进时，泥浆泵的压力可用式(1.16)计算：

$$p_0 = p_1' + p_2' \qquad (1.16)$$

式中，p_0 为泥浆泵的压力；p_1' 为水龙头钻杆、钻焊接头、环状间隙中的水压损失；p_2' 为涡轮钻机的水头损失。

涡轮钻机的效率主要取决于钻孔的泥浆数量和质量、钻头压力和转数。泥浆的作用是清除孔底破碎的岩屑，冷却钻头，平衡地层压力，以免塌孔，保护井壁，同时又是使涡轮钻机旋转的动力。因此，对泥浆的质和量都有一定的要求。钻头直径每寸钻头的压力为 2～2.5t，钻头压力与转速适当配合，才能提高转速。转数在 300～700r/min 调整，涡轮钻机的钻进效率为 1500～2500m/(台·月)。

---

① 1hp=745.700W。

1.4　火力渗透贯通开拓火焰工作面

钻孔工作结束后，就应在煤层中建立连接鼓风钻孔与煤气排出孔的气化通道，以形成完整的地下煤气发生炉，保证气化过程中的热力条件。贯通气化通道的方法有很多种，火力贯通开拓气化通道是常用的方法。

气化通道必须满足如下要求：

(1)从气化通道在向煤层鼓风时，通道中有较小阻力，为使所需风量和煤气量顺煤层通过，以保证地下气化过程中损失热量最少。向气化通道大量鼓风，以降低空气压缩机的能量损耗。

(2)气化通道的截面规整和具有所要求的方向性。

(3)气化通道应靠近煤层的底部，特别是在中厚煤层中，以使煤层完全气化为原则，减少煤的损失量。

(4)地下煤气发生炉应保证足够的密闭性，因此在开拓气化通道时，不能使煤层围岩遭到破坏而引起裂隙产生。

(5)开拓气化通道时应有足够快的速度使地下气化过程不断地进行，而不影响生产。

(6)气化通道应顺煤层开凿，不能伸入围岩。

(7)开凿气化通道时，应避免地下工作。

气化通道形成过程的效率，取决于围岩的性质、成分、节理及煤的灰分。在底板有砂岩时，底板上应留 0.3～0.5m 厚的煤层(当煤层厚设为 1~2m 时)，以保证最大的贯通速度和最小的空气耗量，沿煤层的主要节理发生。当煤气中含有较高灰分(30%～50%)时，贯通速度将显著降低。

开拓气化通道有多种方法，本书只讲火力渗透贯通法。火力渗透贯通法依据煤层的埋藏条件、煤的种类的不同可分为低压空气火力渗透法和高压空气火力渗透法两种。

在煤层埋藏深度不超过 100m 时,煤气渗透系数大于 0.5D[①]的褐

---

① 1D=0.986923×10^{-12}m²。

煤煤层使用低压空气火力渗透法；煤层埋藏深度超过 100m，渗透性小于 0.05D 的烟煤煤层，则使用高压空气火力渗透法。国外资料显示，低压火力渗透法的贯通速度为 0.6～0.5m/d，耗电量为 1500W/m，鼓风量为 1400m²/m；高压空气火力渗透法的贯通速度为 2.0～3.0m/d，耗电量为 600～900W/m，鼓风量为 5000m²/m。

1.4.1　煤层渗透性

煤层渗透性是实现开拓气化通道工艺过程的物理化学基础。煤在干燥和加热过程中，其渗透性变化特性、气体和液体在煤层内的移动现象，直接影响对煤层的加工操作和效果。

煤的岩相组成、裂缝及其发育程度、孔隙度及煤变质程度不同，煤的渗透性呈不同规律的变化。因此，研究各种变质程度不同的煤在不同条件下的渗透性，不仅在贯通工艺过程中有着重要的作用，而且在煤的地下气化工艺过程中也有指导意义。

多孔介质的渗透性是在一定压力降下，多孔介质允许流体(气体或液体)通过的能力。按达西定律，渗透率为流体渗透速度 v 和压力梯度 $\dfrac{\Delta P}{\Delta L}$ (在它的作用下发生渗透现象)与流体黏度 μ 的比例系数。

因为 $v = \kappa \dfrac{\Delta P}{\Delta L} \Big/ \mu$，所以渗透率 $\kappa = \dfrac{[v][\mu][\Delta L]}{[\Delta P]} = \dfrac{LT^{-1}ML^{-1}T^{-1}L}{MLT^{-2}L^{-2}} = L^2$

(具有长度积的因次)。

渗透性的大小取决于介质孔隙率和孔隙大小及其发育程度。所有围岩和煤都有孔隙，它们在气体和液体中都有一定的渗透性，多孔介质的渗透性还取决于气体和液体在其中的运动性质。

渗透率 κ 的度量单位是 D 即 cm²，表示流体在一定条件下的流量。其物理意义是黏度为 1cP[①]的液体或气体，在孔隙介质长为 1cm、截面积为 1cm²、两端压力降为 mPa，按直线定律渗透条件下的流量(cm³/s)。

渗透性测定采用真空抽吸的方法，使气体和液体通过圆柱形岩

---

① 1cP=10⁻³Pa·s。

石标本。

　　测出单位时间内流体的消耗量 $Q_流$、已知标本长度 L、横切面积 F、流体的黏度 μ 和促成产生渗透性的压力差 (p_1-p_2)，用式 (1.17) 确定岩石标本的渗透率 κ：

$$\kappa = \frac{Q_流 L \mu}{F(p_1 - p_2)} \qquad (1.17)$$

式中，$F = \dfrac{1}{4}\pi d^2$，cm^2。

　　在用气体测定岩石渗透性时，$Q_流$ 是变量，因为气体越接近标本处，体积越大，必须标正。

$$\overline{Q} = \frac{Q_流 \cdot p_2}{p_2 + \dfrac{\Delta p}{2}}$$

代入式 (1.17) 可得

$$\kappa = 2L\mu Q_流 p_2 \big/ F(p_1^2 - p_2^2) \qquad (1.18)$$

式中，L 为标本长度，cm；μ 为流体黏度，cP；F 为标本的横切面积，cm^2；p_1 为煤柱前的绝对压力，mPa；p_2 为煤柱后的绝对压力，mPa。

　　随着煤的变质程度的提高，煤的渗透性减小，如褐煤的渗透性是长烟煤的 150 倍、气煤的 341 倍、无烟煤的 1312 倍。煤的层理对渗透性的影响很大，层理方向不同的煤的渗透率值变化范围很大，见表 1.3。从表 1.3 可知，褐煤在火力贯通过程中，风流主要沿着平行层理方向流动，风流损失在岩层中较少。关于煤中水分对渗透性的影响，从表 1.4 中可以看出，煤柱中水分减少时，煤柱渗透性迅速增加。煤岩成分和煤的裂隙是影响渗透性的重要因素，裂隙分为内生裂隙和外生裂隙。在变质程度为气煤中，当镜煤含量为 0～50% 时，κ 值增加很小；当镜煤含量超过 50% 时，κ 值迅速增加。随着镜煤含量的增加，内生裂隙呈指数规律随之增长，煤的渗透性增大。

表 1.3 不同层理方向煤的渗透率值

样品类型		长焰煤 (中国大同)	气煤 (中国抚顺)	无烟煤 (中国北京西郊)
饱和水分	平行层理	0.0001	0.0038	0.0001
	垂直层理	0.0010	0.0498	0.0014
加热至 105℃	平行层理	0.0245	0.0099	0.0028
	垂直层理	0.0962	0.1668	0.0045
加热至 300℃	平行层理	0.2620	0.4380	0.0119
	垂直层理	0.0236	2.6260	0.0016

表 1.4 煤粒内剩余水分与其对应的渗透率

平行层理	水分/%	20.22	19.70	19.15	18.20	17.33	16.72
	渗透率/D	0.0037	0.0304	0.0801	0.2986	0.9995	2.1134
垂直层理	水分/%	20.22	19.97	18.75	16.15	14.29	13.08
	渗透率/D	0.0005	0.0009	0.1728	3.5240	4.4750	4.3460
平行层理	水分/%	15.58	14.38	13.12	11.26	9.98	9.30
	渗透率/D	4.6034	6.1997	8.0687	8.5851	9.1290	9.4492
垂直层理	水分/%	10.49					
	渗透率/D	4.4810					

煤炭地下气化工艺过程是对煤层的热加工过程。煤的渗透性对气化过程的实现极为重要，见表 1.5。

表 1.5 煤的渗透性的影响

温度/℃	不同类型煤的渗透率/D					
	长焰煤(中国大同)		气煤(中国抚顺)		无烟煤(中国北京西郊)	
	平行层理	垂直层理	平行层理	垂直层理	平行层理	垂直层理
105	0.2450	0.0962	0.0099	0.1668	0.0028	0.0045
200	0.1686	0.0160	2.0669	0.4860		
300	0.2620	0.0236	0.9380	2.6200	0.0119	0.0016
400	4.2370	2.2360	2.1940	—	0.0032	
500	—	—	—	—	0.0032	0.0002
600	—	—	—	—	0.2924	0.0005
900	—	—	—	—		0.0017

低变质程度的褐煤和黏结性弱的长焰煤，随加热过程温度的升高，渗透性呈直线迅速上升趋势，但黏结性较强的烟煤，渗透性增加缓慢，而高变质程度的无烟煤在高温时，渗透性才较明显地升高（平行层理方向）。

1.4.2　地下煤气发生炉的点火

在用火力渗透贯通开拓煤层中的气化通道时，必须先在钻孔内点燃煤层，煤层燃烧后，向煤层气化通道送风进行气化。因此，地下煤气发生炉的点火是实现火力渗透和进行气化的重要程序。

点火过程以如下步骤进行：

(1)先进行冷试验，选择点火钻孔；

(2)测定点火钻孔地下水的流动速度；

(3)压出或排出地下水；

(4)在点火钻孔内建立点火火源。

第一种点火方法的点火系统如图 1.5 所示，点火系统是比较有效地建立火源的供风系统，在点火钻孔内另铺设直径为 60mm 的由钻杆构成的补充导管，这个导管在火焰工作面(钻孔底部)上，点火钻孔顶端的结构可以保持压出地下水所必需的高压。点火步骤为：压出水前，向点火钻孔投入煤块，煤块在套管底部高 2m 处，压出地下水和装煤后，以 300m³ /h 的速度沿补充导管送入鼓风，并且迅速向点火钻孔内投入炽热的焦炭，沿该孔的导管向外排出燃烧产物。化验分析燃烧产物的组成可知，在短时间内得到可燃的煤气，这就证明煤层已经点燃。

为了减少地下水流入钻孔，可将排气孔关闭，钻孔中的压力维持在 5～10 个大气压[①]。在点火钻孔建立火源后，把鼓风送到贯通的另一钻孔进行贯通，但此后 2h，火源有可能熄灭。

[①] 1 个大气压≈0.1013MPa。

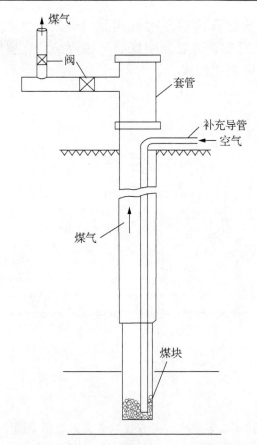

图 1.5　第一种点火方法的点火系统示意图

　　为了保持火源持续燃烧，就需要在超过地下水静压头的压力下，向原料钻孔送入大量的鼓风。因而该点火系统实际上是在燃烧产品和沿补充导管送风的高压空气的过剩压力下实现的。

　　第二种点火方法是将高压空气压入点火钻孔，以便将地下水和燃烧产物压入煤层和围岩中。

　　为了保证压出地下水，在投入炽热的焦炭时，向该点火钻孔送入空气，以便在其中产生高于 15～17 个大气压的压力，能向点火钻孔内送入高压空气，如图 1.6 所示。打开阀 A，在阀 B 关闭的情况下，向短管内投入少量炽热的焦炭，然后关闭阀 A，打开阀 B，炽热的焦炭便落入点火钻孔，重复操作后，向点火钻孔投入块煤。经过一段时间，点火钻孔内的压力就增到 1~2 个大气压(鼓风量不变)，这样的压力增加，可以证明煤层开始燃烧。煤层燃烧后，为了形成火源必须将风量加到最大。

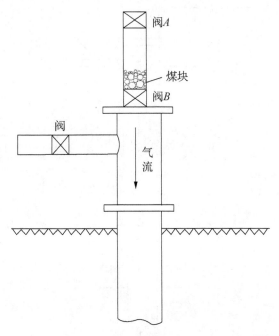

图 1.6 第二种点火方式的点火系统示意图

同样，要进行冷试验，在褐煤层中的点火方法类似于烟煤点火的第一种方法。在点火钻孔内压出水前，向点火钻孔内投入炽热的焦炭，然后送入 $100~120m^3/h$ 的压缩空气，建立火源后，检查燃烧产物的组成，判断火源的形成情况，历时 24~48h，然后顺着最初的火焰工作面，进行点火钻孔间的火力渗透贯通。

1.4.3 逆流式低压空气火力渗透法开拓火焰工作面

低压空气火力渗透法是利用煤层的天然透气性，即把气化煤段看作是由气孔和裂隙隔离而成的煤块所组成的煤的自然层。在热力作用下，煤层分离状态不断加强，从而在两个钻孔间的煤层中建立气化通道。煤层气化时，先将煤层点燃，然后沿着煤的天然气孔和裂隙送入气化剂。点火加鼓风，使煤层中（两个钻孔间）形成了气化通道——火焰工作面。尽管煤层中有天然孔隙和裂缝，但对通过的气流仍有一定的阻力，这种阻力随渗透性的减小而增大，这就必须使送入钻孔的风流具有相当大的压力才行。

低压空气火力渗透法只适用于水平或缓倾斜的透气性大于0.5D 的褐煤煤层。低压空气火力渗透法分为顺流式和逆流式两种。

顺流燃烧中，火焰面的移动方向和气流传播方向相同，煤被消耗的速率取决于火焰推进的速度，当煤被消耗时燃烧带移向前方煤集中的地方，可使燃烧热得到较好的利用。顺流燃烧一般从较宽的火焰工作面推进，所以多用于煤气生成过程。顺流式空气火力渗透法是在同一个钻孔内点火和鼓风，使火焰顺着风流的方向移动，到达相邻的与其相对应钻孔的底部，建成气化通道。但是，顺流燃烧位于鼓风钻孔的底部，沿煤层扩散的是燃烧产物而不是鼓入的风流。与煤相互作用而产生的煤气和蒸汽的体积大大超过了鼓风量，鼓风钻孔所能受入的风量比逆流少得多，同时煤受热变成熔融状态，体积膨胀，裂隙减少，而且熔融的煤也可能流入裂隙，影响煤层因受热所增加的透气性，使风量减少，降低贯通速度，并且在点火钻孔处无方向地扩大，"不走正道"(不迎风流并进)。所以，一般都采用逆流式空气火力渗透法开拓火焰工作面，如图 1.7 所示。

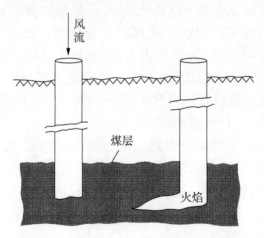

图 1.7　逆流式空气火力渗透法示意图

逆流燃烧中，火焰工作面的移动方向与气流方向相反，火焰移动速度取决于在反向气流方向上的传播速度，一旦火焰前方的煤被加热到着火点温度，就会立即燃烧，消耗进入气流中的氧气，而使火焰后方的煤层得不到燃烧，所以逆流燃烧倾向用于呈狭窄的固定直径的通道。用空气进行贯通是因为空气中的氧气含量能以合适的通道形成速率，生成高渗透性的通道。

逆流式是从地面向煤层垂直钻孔，在点火钻孔内将煤层点燃后，从对应的钻孔向煤层鼓风，鼓风压力为 3～5 个大气压。风流沿煤层中的天然孔隙和裂缝渗透到对应的点火钻孔，火被引着，并使火焰迎着风流的方向延伸，从点火钻孔沿煤层延伸到鼓风钻孔而建成通道。火焰移动的速度取决于火焰前沿煤层受热到自然着火的温度，而火焰前沿煤层的受热情况与贯通鼓风进入火源的强度有关。因此，加大鼓风量，减少风量损失，将使火源的移动速度加快，从而提高贯通速度。

在贯通过程中，定时测量排气钻孔煤气的温度及煤气的组成与数量，来确定火焰的移动情况。随着贯通过程的进行，煤气变化的特征是：CO_2 含量慢慢降低，CO 含量增加，H_2 含量也缓慢增加，而在贯通完成时可燃气体含量则迅速降低，煤气中可燃成分的增加是过程强度提高的结果。煤气产率的增加是作为气化剂的鼓风接近火源而使沿煤层移动的鼓风不断地增加，导致火焰移动速度加快。

鼓风压力是随着贯通过程的规律性变化的。贯通开始时，鼓风压力与鼓风量保持恒值。鼓风压力为 3～5 个大气压，鼓风量为 300～500m³/h。其后，鼓风压力缓慢下降，鼓风量则缓慢上升。当火源逐渐移向鼓风钻孔，最终抵达鼓风钻孔底部时，贯通阶段结束，此时，鼓风钻孔的鼓风压力迅速降低到 0～1 个大气压，鼓风量增加到 3000～5000m³/h，空气火力渗透法压力变化规律如图 1.8 所示。排气钻孔管口的煤气温度随着贯通过程的进行而升高，最高温度达 300℃以上。贯通结束时，通道的平均断面直径为 0.4～0.8m。

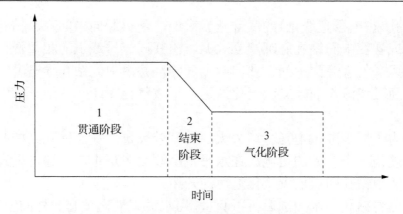

图 1.8　空气火力渗透法压力变化规律

　　煤层顶底板透气性不同，鼓风压力和鼓风量也不同。例如，顶底板是结构疏松的砂岩，控制鼓风压力一般不超过 2～3 大气压，否则不能保证沿煤层建成气化通道，而且大大增加鼓风量。

　　向煤层大量鼓风和煤层中煤气流动，在具有天然透气性的围岩及煤层中，不可避免地将会使鼓风和煤气流产生扩散现象，扩散现象的产生会增加鼓风量和煤气流的消耗。为了有效地利用鼓风量，可采取如图 1.9 所示的鼓风系统。在中间钻孔鼓风，在其邻近的两

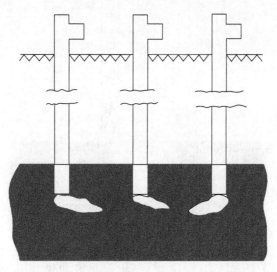

图 1.9　中间钻孔鼓风贯通方式示意图

个钻孔(在一条直线上)的底部建立火源，使火源向中间鼓风钻孔移动，或者在中间钻孔底部建立火源，由其同一排线上的相邻两个钻孔鼓风，使火源由中间钻孔向两侧延伸，并由中间钻孔导出煤气。

通过逆流作业建立起气化通道，形成气化系统——地下煤气发生炉。

为了减少鼓风消耗，增大火源的有效风量，提高钻孔结构的密封程度是一个有效的措施。在水平或缓倾斜煤层中，是通过垂直钻孔来实现钻孔间煤层中气化通道的开拓。

沿着钻孔用水冲洗后再下套管，用水泥浆液充填套管外的空间，2～3天后，在钻孔内壁形成水泥管，然后进行贯通。打钻时要取岩心，确定了解煤层厚度，根据煤层厚度，确定套管下入煤层的深度，以便气化通道沿煤层位于最佳位置，尽可能地气化掉全部的煤层，如图1.10所示。

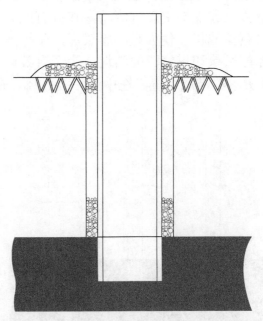

图1.10　空气火力渗透法的钻孔结构示意图

火力贯通最主要的指标是贯通速度，贯通速度主要取决于鼓风的成分、压力和温度，以及贯通范围内的热状态、贯通钻孔间的距离、煤层埋藏的水文地质条件、煤质及其空隙率(透气性)等。例如，其他条件相同，在煤的平均孔隙率为 40%～50% 的气化区内，贯通速度为 1.07m/d；而在另一平均孔隙率为 20%～30% 的气化区，贯通速度则降为 0.50m/d。

煤中的节理方向对贯通速度和方向都有影响。向主要节理方向的贯通速度，比向次要节理方向的贯通速度大 30%～70%；而且沿主要节理方向贯通钻孔时，鼓风消耗量最小。例如，某煤田沿主要节理方向贯通 1m，平均空气消耗量减少了 37%，而贯通速度提高了 43%。

随着煤层厚度的增加，耗电量增加，贯通速度反而减少，最有效的钻孔贯通鼓风量不小于 250m³/h。火力渗透法的贯通指标见表 1.6。

表 1.6　火力渗透法的贯通指标

气化站指标	贯通速度 /(m/d)	消耗风量 /(m³/m)	电能消耗 /[(kW·h)/m]	排出煤气温度	煤种
中国(气煤)鹤岗气化试验站	0.2～0.3	—	1800～2000	初始最低 39℃，贯通过程中最高 540℃	气煤
苏联莫斯科近郊气化站	0.64	14400	1540	—	褐煤

1.5　高压空气火力渗透开拓火焰工作面

1.5.1　贯通鼓风的极限压力指标

煤层埋藏深度超过 150m 的烟煤，渗透性很低，天然透气性仅为 0.0015D。建立两个鼓风量为 150～200m³/h，鼓风压力为几百个大气压的钻孔气化通道，很难实现。实际上只要鼓风压力稍超过进行贯通工作深度处的覆盖岩层的压力时，钻孔的鼓风量就急剧增加，如图 1.11 所示。在这种鼓风压力情况下，煤层中的微裂隙和微孔隙被人为地扩大，造成大量的人工裂隙，从而使钻孔的鼓风量大大增加。结合火力渗透法使火源沿着钻孔间的煤层燃烧，能以较高的速

度移向鼓风钻孔，在相邻的两个钻孔间形成燃烧带，从而建成气化
通道。高压空气火力渗透法就是利用这个原理实现的。高压空气火
力渗透法具体的鼓入钻孔的鼓风压力取决于煤层的埋藏深度，鼓入
钻孔的鼓风压力用式(1.19)求得

$$P_F = 0.1\gamma_n \cdot H + P_n \tag{1.19}$$

式中，P_F 为鼓风的极限压力；γ_n 为覆盖岩层的平均密度，g/cm^3；H
为贯通原气化煤层的埋藏深度，m；P_n 为克服开始通道流体阻力的
鼓风压力，通常为 5～15 个大气压。

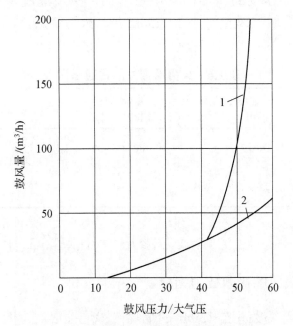

图 1.11　钻孔的鼓风量与鼓风压力的关系
1-试验曲线；2-理论计算曲线

当高压空气压入煤层时，沿煤层透气性最大的地方产生炸裂，
煤层透气性增加，当烟煤煤层埋藏深度为 100～150m 时，煤层本身
具有的天然透气性为围岩透气性的 40～60 倍。因此，由于煤层炸裂，
其透气性急剧增加，而同时围岩的透气性不受高压鼓风的影响，其

透气性不变，这就减少了进入围岩的鼓风消耗，从而增快了贯通速度，减少了鼓风消耗和电能消耗，显著地改善贯通技术的经济指标。火力渗透法只有与高压空气炸破层结合应用，才能顺利地解决烟煤煤层中气化通道的贯通问题。在各种不同埋藏深度，不论煤层的天然透气性如何，只要鼓入按式(1.19)计算的鼓风压力，就能保证使火源燃烧快速移动所需要的风量。高压空气火力渗透法不要应用在埋藏深度小于 80m 的煤层。表 1.7 列出了前苏联利西昌斯克气化站高压空气火力渗透法的贯通指标。

表 1.7　前苏联利西昌斯克气化站高压空气火力渗透法的贯通指标表

地下煤气发生炉	试验盘区	1 号	2 号	3 号
鼓风压力/大气压	10	16	55	61
钻孔深度/m	62	150	155	198
贯通通道总长（平均贯通距离）/m	1171.30 (13.80)	73.50 (14.70)	69.80 (11.60)	60.00 (20.00)
贯通鼓风中氧气含量/%	25~35	21	21	21
鼓风平均消耗量/(m³/h)	196	272	191	608
贯通速度/(m/d)	0.57	0.91	2.29	4.00
鼓风消耗量/(m³/m)	8000	7200	2000	3650
电能消耗量/[(kW·h)/m]	—	1030	515	980

高压空气火力渗透法的严重问题是鼓风钻孔的煤层容易自燃。为了防止自燃现象的发生，必须注意以下几点：①贯通钻孔(鼓风)底部的煤应保持清洁；②贯通钻孔的密闭性要高；③应保证贯通钻孔鼓风量大于 150m³/h。

1.5.2　关于贯通速度

采用逆流式火力渗透法贯通煤层时，鼓入的有效风量使火焰不断燃烧，火焰前沿的煤层温度达到自燃着火温度时，产生火焰由点火钻孔移向鼓风钻孔。因此，贯通鼓风进入火源的强度，是决定火焰移动速度的重要因素。

1. 贯通鼓风量有效利用系数 φ

钻孔间煤层的贯通鼓风量在一定程度上取决于煤层和围岩的透气性，也就是鼓风通过钻孔每小时的消耗量与煤层与围岩渗透率的比 κ/κ_1 有密切关系。在逆流式火力渗透贯通时，大部分鼓风量消耗于围岩和煤层中，只有很少一部分鼓风量用于煤层的贯通。

贯通鼓风量有效利用系数 φ（又指相对风流）可按式(1.20)求出：

$$\varphi = \frac{V_2}{V_1} = \frac{h\kappa \dfrac{b}{2m}}{\pi\kappa_1 \dfrac{r^2}{2R}} \tag{1.20}$$

式中，V_1 为鼓风量每小时的平均消耗量，m^3/m；V_2 为用于钻孔间煤层贯通平均每小时的鼓风量，m^3/h；m 为煤层厚度，m；b 为钻孔间的距离，m；r 为钻孔的有效半径，m；h 为钻孔工作面的高度，m；R 为钻孔半径，m；κ 为煤层的渗透率；κ_1 为围岩的渗透率。

如图 1.12 所示，当 κ、κ_1、$2m$、b 和 r 为固定值时，κ/κ_1 对用于钻孔间煤层贯通平均每小时的鼓风量的影响。

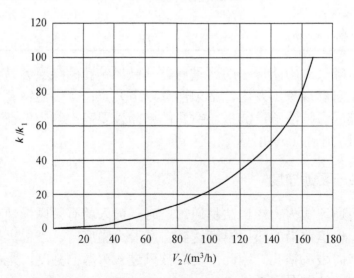

图 1.12　κ/κ_1 对用于钻孔间煤层贯通平均每小时的鼓风量 V_2 的影响

在 $2m$、b 和 r 固定时，在 κ/κ_1 值最大的区域，用于钻孔间煤层贯通平均每小时的鼓风量将最大，贯通速度也将最高。如果某些气化通道区煤层透气性不同，但 κ/κ_1 值相同，平均每小时鼓风量相同时，整个气化工作（火焰工作面）的鼓风量是相同的。因而在这种情况下，钻孔间的鼓风量与贯通平均每小时的鼓风量成正比，也只有在这种情况下才能认为在各火焰工作面（贯通通道）内，逆流式火力渗透的贯通速度正比于贯通平均每小时的鼓风量，如图 1.13 所示。从图 1.13 中可以看出

$$W = 0.0055V_2 \tag{1.21}$$

式中，W 为贯通速度，m/d；V_2 为平均每小时的鼓风量，按全部贯通期平均计算，m^3/h。

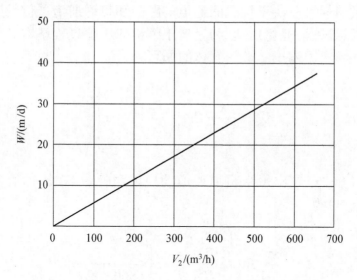

图 1.13　贯通速度 W 与平均每小时的鼓风量 V_2 的关系

为了使煤层透气性最小的气化区内具有相同的鼓风量，就必须在鼓风钻孔的一端加大鼓风压力。钻孔间的贯通鼓风量和贯通速度很大程度上取决于煤层与围岩渗透率之比 κ/κ_1，其比值越大，在贯通鼓风量相同时，钻孔间的有效贯通鼓风量就越大。

对钻孔的火力渗透性研究表明：在具有天然透气性的烟煤煤层

内，用高达 40~45 个大气压，且超过岩层压力 5~10 个大气压实现火力贯通，采用逆流式火力渗透法取得的效果最好。贯通距离对贯通指标有重要影响，在贯通开始时，贯通距离仅在 10~15m（从鼓风钻孔开始）；继续增加贯通距离时，贯通速度减少得很小，鼓风单位消耗量增加 16%~30%。因此，认为贯通距离增加到 30~35m 是合理的。

研究还表明：煤层单位厚度的贯通鼓风强度与鼓风的渗透速度成正比，贯通火焰移动速度和鼓风单位消耗量，随着贯通鼓风强度的加强而增大；鼓风容速的增大将导致鼓风单位消耗量的增加。

2. 贯通鼓风电能消耗

用火力渗透法开拓地下煤气发生炉的气化通道时，每米贯通通道的鼓风消耗量取决于钻孔间通道的距离和贯通通道单位长度的能量消耗量（鼓风消耗量）。因为空气压缩机的压缩过程基本是绝热压缩过程，绝热压缩 1kg 理想气体的循环功为

$$W_{ad} = \frac{\kappa}{\kappa-1} P_1 v_1 \left[\left(\frac{P_2}{P_1} \right)^{\frac{\kappa-1}{\kappa}} - 1 \right] \qquad (1.22)$$

由式(1.22)导出每米贯通通道的电能消耗量（在压缩的实际气体为空气时）为

$$A = \frac{\kappa}{\kappa-1} P_1 v_1 \left[\left(\frac{P_2}{P_1} \right)^{\frac{\kappa-1}{\kappa}} - 1 \right] \times \frac{1}{860 \times 427} \eta^{-1} \qquad (1.23)$$

式中，A 为每米贯通通道的电能消耗量，$kW \cdot h$；v_1 为每米贯通通道的鼓风消耗量，m^3/m；κ 为温度绝热指数；η 为绝热有效利用系数，为 0.75~0.85；860 为能量的单位由 kcal 变为 $kW \cdot h$ 的换算系数；427 为热功当量。

$$\kappa = \frac{C_p}{C_v} = \frac{1}{1 - \dfrac{\ln\left(T_2\big/T_1\right)}{\ln\left(P_2\big/P_1\right)}} \tag{1.24}$$

式中，C_p 为某压力下气体的定压比热；C_v 为某压力下气体的定容比热；T_1、T_2 分别为压缩始点和终点的温度，在压缩气体为空气时，$\kappa = 1.4$。

从式 (1.23) 中可知，火力渗透法贯通钻孔间煤层时，电能消耗量取决于每米贯通通道的鼓风量和鼓风压力，在鼓风压力维持常值时，主要取决于鼓风量；而鼓风量则由贯通鼓风量有效利用系数 φ 来决定；在一定的煤层中，贯通鼓风量有效利用系数 φ 则又取决于钻孔间的距离 b 和煤层与围岩渗透率的比 κ/κ_1。在一定煤层中，每米贯通通道的鼓风消耗量与 κ/κ_1 及钻孔间距离 b 的关系如图 1.14 所示。

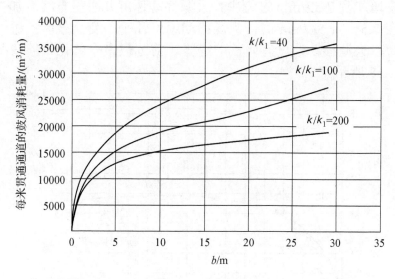

图 1.14　在一定煤层中每米贯通通道的鼓风消耗量与 κ/κ_1 及钻间距离 b 的关系

1.5.3 高压空气火力渗透贯通的影响因素分析

　　贯通是用火力方法在煤层中开拓燃烧通道。贯通的效果取决于火源移动速度，而这个移动速度又和单位时间内渗透到火源的鼓风量和气体的组成有关，与煤层的物理化学性质有密切关系；单位时间内渗透到火源的鼓风量取决于鼓入煤层的鼓风压力、煤层和围岩的渗透率；而鼓风质量则取决于其中的氧气浓度。在煤层的物理化学方面，煤的导热性与着火点，煤的热值、灰分、含水量等及煤层厚度等，都是火源移动速度的影响因素。综上所述，火源移动速度取决于贯通过程的热平衡。热平衡在热源贯通初期鼓风量不大时，火源移动主要靠煤中挥发分的燃烧热，随着鼓风强度的增大，挥发分意义减小，火源移动则靠煤中炭的燃烧所积累的热量。

　　在风速一定的范围内，随着鼓风量的增大，火焰移动速度加快。安格连煤火源移动速度与鼓风量的关系如图 1.15 所示。鼓风量为 0.39～14.62L/min，即在火源真实移动速度为 0.15～1.65m/s 条件下，鼓风量增加到 7.5L/min 过程中，火源移动速度几乎呈直线增加；鼓风量在 7.5～11.5L/min 时，火源移动速度几乎不变；鼓风量进一步增加时，火源移动速度有降低的趋势。前苏联多个气化站的情况也如图 1.15 所示。

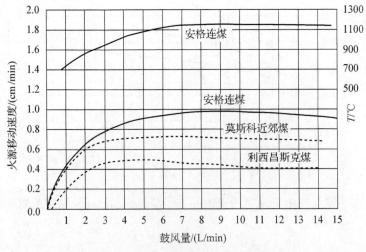

图 1.15　火源移动速度与鼓风量的关系

　　贯通过程的最高温度与鼓风量有密切的关系。例如，安格连煤中，当鼓风量为 1.0～1.5L/min 时，贯通过程的平均温度为 800℃，随着贯通通道内鼓风量的增加，使贯通过程的平均温度增加到 1160℃，显然温度的提高加快了火源移动速度。但当鼓风量增大到 14.5L/min 时，温度不再上升，这时随着燃烧区的热传导和辐射方法的热交换条件越好，以及贯通通道表面气流的热损失系数越小，火源移动速度越大。

　　试验证明，随着温度的提高，火源移动速度呈直线增加。在这种情况下，通道裂隙越宽，火源移动速度随着温度的提高而加快，这显然是不同宽度裂缝的通道中的热交换不同所致。

　　鼓风速度 (2.65～4.81L/min) 和煤中水分 (7%～12%) 变动不大时，贯通通道宽度的增加致使火源移动速度增大。这是由于通道宽度增加时，靠辐射加热通道的燃烧段条件有所改善。燃烧加热加快了火源的移动速度；但当贯通通道宽度从 10mm 增加到 25mm 时，宽度增加减慢，这是因为通道宽度加宽时，燃烧带温度最高处距火源远，煤层未燃烧处的加热条件变坏，因而通道宽度大于 10mm，火源移动速度的增长减慢。煤气排出带走的热量增大，妨碍了贯通过程温度的进一步提高，如图 1.15 所示。在一定范围内，煤层中裂隙越宽，贯通速度越快。

　　贯通过程的温度取决于贯通通道壁燃烧析出的热量，也取决于加热气体消耗的热量，其中也包括用于加热通过贯通通道的气相的热量。起初，析出的热量的增长较加热气体消耗的热量的增长占优势，因此，通过煤层内的温度升高，风速进一步提高，析出的热量和加热气体消耗的热量达到平衡。通道温度保持不变，风速再增大时，热量的析出的增长较加热气体消耗的热量的增长慢，因而温度降低。

　　贯通通道中燃烧温度越高，火源在风流反方向的移动速度越快。火源移动速度取决于贯道处于燃烧区前面的燃烧段的加热速度，而加热速度则取决于贯通通道未燃烧段表面承受的热量。显然，贯通通道的温度越高，且贯通通道未燃烧段长度随着煤层厚度的增加，贯通单位鼓风消耗量呈直线增加，火源移动速度相对降低。现用相对风流的百分数φ表示煤层厚度对鼓风空间流动时的鼓风漏失量的关系，如图 1.16 所示。相对鼓风的有效利用系数φ，即相对风流以式(1.25)表示为

$$\varphi = \frac{V_2}{V_1} \tag{1.25}$$

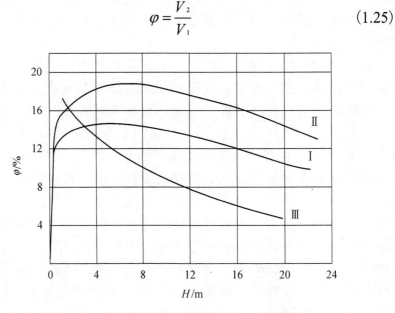

图 1.16　鼓风漏失量与煤层厚度 H 的关系

$\lambda = \dfrac{\kappa - \kappa_1}{\kappa + \kappa_1}$；$\lambda = 0.95(\kappa/\kappa_1 = 39)$；钻孔间距 L=20m；煤层深度 H=150m；

钻孔半径 r_{ck}=0.1m；曲线 I 中 $a = 0.5$h；曲线 II 中 $a = 1$h；曲线 III 中 $a = 1.8$h

当钻孔的有效半径不变时（由线 III），鼓风漏失量不断增加，而当煤层厚度为 100m 时，鼓风漏失量几乎为 100%。实际上因为在排气孔中煤层开拓部分的高度一般是不变的。当煤层厚度增加时，从排气孔排出的煤气量（当鼓风量不变时）应当减少。

当在排气孔中开拓的工作面变化时，曲线 I 和 II 在煤层厚度为 6～8m 时，φ 有一最大值。贯通鼓风强度则随着煤层厚度的增加呈双曲线式降低，如图 1.17 所示，进入单位火源表面的风量减少，导致贯通速度的降低和鼓风消耗量的增加，所以说贯通鼓风强度是煤

层厚度对贯通指标的决定性因素。图 1.17 表示贯通鼓风强度与煤层厚度的关系，贯通鼓风强度为排气量 V_2 与煤层厚度 H 的比值。贯通鼓风强度是在一定切面上取煤层走向的横切面，当煤层厚度变化时，鼓风量 V_1 是一常数。

另外，鼓风中氧气含量的增加使贯通过程(火源移动过程)加快。当氧气含量达到 98%时，贯通过程的速度比空气鼓风大 4～5 倍。

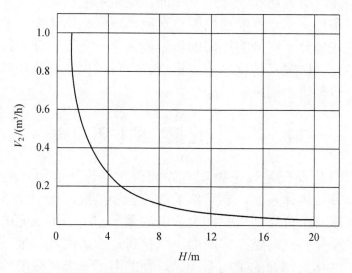

图 1.17　贯通鼓风强度与煤层厚度的关系

第 2 章 气化原理与析气过程

第 1 章介绍了在煤层中用钻孔的方法建起煤炭地下气化发生炉,火力渗透贯通建起了火焰工作面,煤炭地下气化系统为煤气生产创造了条件。本章将继续以顺流送风燃烧气化阐述煤气的生产工艺,即完成多分子组分的煤炭的化学能到单一分子组分的煤气的化学能的转化。研究其转化过程的原理、析气过程及送风计算和风机的选型,以及防止漏风的措施。

2.1 煤炭气化反应的扩散机理

煤炭气化反应是气态物质与固相碳相互作用而引起的多相反应。气体到达煤体表面,靠自然扩散或强制扩散,保证化学过程。其反应强度与单位时间内参加反应的碳量及作用于碳表面的气体浓度有关。反应强度与钻孔的断面、气化通道的透气性、地下水的排出情况、气化工作面的结构系统、过程的温度及鼓风强度等因素有关,必须满足气化反应所需的条件,才能使气化反应以一定的强度进行。

生成气体的析气过程与热交换、温度控制有关。化学反应过程中析出热量,引起反应温度的增高和反应速度的增大。低温反应过程在动力学领域的进行,使该领域碳表面的反应气体的浓度接近于其体积内的浓度,反应过程在碳物质体积内进行。提高温度是影响、强化反应过程最省力的因素。燃烧的总过程决定化学反应的速度。气体反应时在碳表面形成气膜,反应气体借扩散作用经过气膜由表层析出。通常,气体与固体燃料作用的反应速度与过程的温度及燃料性能有关。

如图 2.1(a)所示,气体薄层包围着碳颗粒,通过薄层氧气扩散到碳颗粒的表面,生成 CO_2,CO_2 向相反的方向扩散。包围碳颗粒

的气层主要含有 CO_2，它与小碳颗粒表面接触被还原成 CO，CO 扩散到气膜的外表面，在这里被氧化成 CO_2，CO_2 一部分被气流带走，另一部分又扩散到碳颗粒表面，如图 2.1(b)所示。O_2 向碳颗粒表面扩散，并且在碳颗粒表面形成 CO，CO 又向外表面扩散，在气层内和离开气层后，CO 被氧化成 CO_2 并被气流带走；高速燃烧时，CO 不会被氧化成 CO_2，而得到的是 CO，如图 2.1(c)所示。

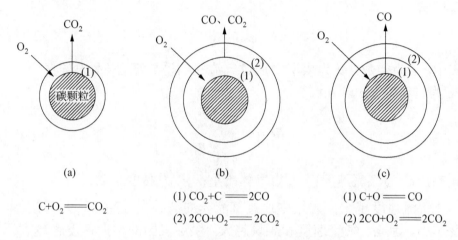

图 2.1 碳颗粒气化反应过程

碳燃烧时，总有两种气体——CO 和 CO_2 处于平衡态：低于 1000℃时，CO_2 的量较多；高于 1000℃时，CO 的量较多，CO 的量是一直在上升的。

气体通过气层的扩散速度如下：

$$\frac{d_m}{d_t} = -D \cdot S \frac{C - C'}{\delta} \tag{2.1}$$

式中，D 为扩散系数；δ 为边界层厚度；S 为面积；$C-C'$为反应气体在气层内外的浓度差；$\frac{d_m}{d_t}$ 为单位时间内通过气层的气体量。

而扩散系数与温度的关系见式(2.2)：

$$D = D_0 \left(\frac{T}{T_0} \right)^n \tag{2.2}$$

式中，D_0 为在 0℃时的扩散系数；T 为煤层表面的绝对温度；n 为系数，为 1.5～2。

边界层的温度越高，扩散系数越大，边界层厚度取决于气流紊流程度：

$$\delta = e \cdot d \cdot Re^{-n'} \tag{2.3}$$

式中，e 为常数；d 为煤层中通过气流孔的诱导直径（水力学直径）；Re 为雷诺数；n' 取 0.8。

$$Re = \omega_0 \cdot y_0 \cdot \frac{d}{n_f} \tag{2.4}$$

式中，ω_0 为气流速度；y_0 为气体比重；n_f 为黏度系数。

气流速度越大，煤层中通过气流孔的诱导直径越大，边界层厚度越小。因此，气流速度和煤块越大，煤层表面的扩散速度也越大。在高温下气化时，气体与煤层表面的化学作用是很强的，因此，煤的气化过程取决于气体通过气层的扩散速度。

扩散作用是在无数小块煤的四周，环绕 CO_2 的情况下，煤块的表面形成一层薄薄的气膜，借助分子的扩散作用，穿过这层气膜，从而到达固体碳的表面，再以同样的方式，从固体碳的表面将 CO 输送出来，当 CO 与碳元素间的化学反应速度大大超过 CO_2 向固体碳表面的扩散速度时，总过程的反应速度取决于扩散速度。

气体在煤层间通过时，决定扩散速度的是气流速度和煤块大小，气流速度越大，煤块越大，则气流向煤块表面的扩散速度也越大。因此，要增加煤的气化强度和鼓入气流的速度。但当气化过程取决于化学动力学范围时，鼓入气流的速度将受到限制。

气体与燃料表面的接触时间在气化过程中起重要作用，它取决于气化带长度与气流的相对运动速度。如图 2.2 所示，CO_2 与焦炭接触时间为 2s 时，反应气化带的温度为 1400～1500℃时，CO_2 才能完全还原成 CO。还原带中的气流速度，决定了 CO_2 与焦炭接触的时间，从而影响到最后的气体组成。例如，在温度不高时，增加气流速度就能使 CO_2 还原减少。相反，高温时，由于 CO_2 趋向焦炭的反应面的条件有所改善，CO_2 的还原性较剧烈。CO_2 的还原速度还与反应物质的浓度及压力有关。

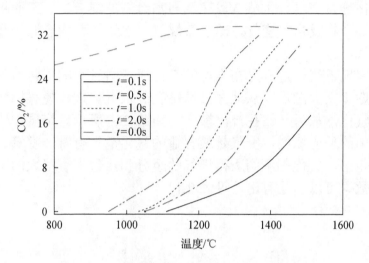

图 2.2　空气煤气中 CO_2 的还原速度

　　总之，气化反应过程取决于燃料的性质、鼓入风速度（气流速度）及地下煤气发生炉剖面上气流分布的均匀程度和气流与燃料表面的接触时间等诸多因素。气流分布是否均匀取决于地下煤气发生炉的构造和维护。对氧化带作用影响最大的是气流速度和该区域中气化物质的浓度。对还原带作用影响最大的是温度。而地下煤气发生炉的温度条件主要取决于气流速度和水蒸气的浓度，也决定燃料的反应能力、通道中煤块的大小和形状、煤层水分和灰分含量、灰的成分及燃料在受热时的性能状态。这些因素的影响，可以使气化向生成 CO 的方向进行，或者向生成 CO_2 的方向进行。因此，地下煤气发生炉的适当控制就成了气化过程正常进行的主要任务。

　　因此，使风流和产生的煤气沿着整个火焰工作面流动是使气化过程正常进行的有效措施。

2.2　气化反应带的析气过程

燃料气化是热化学过程，即以游离的氧或结合氧将燃料焦化所剩下的煤炭转化为可燃气体的过程。燃料气化总兼有燃料干馏的过程，气化剂有空气、水蒸气、空气与水蒸气的混合物、工业氧与水蒸气的混合物及富氧空气，即空气煤气、水煤气、混合煤气及水蒸气氧煤气等。

煤炭地下气化过程是在煤层的气化通道中进行的。将地下气化煤层点燃建立火源后，从地面鼓风钻孔鼓入气化剂，使煤层燃烧从而进行气化，从另一钻孔排出煤气，如图 2.3 所示。煤层和气化剂是燃烧中的反应原料，空气是最普通的气化剂，有时选富氧、水蒸气做气化剂。气化剂不同所得煤气的组分和热值也有很大的不同。取烟煤数据可以明显看出，见表 2.1。

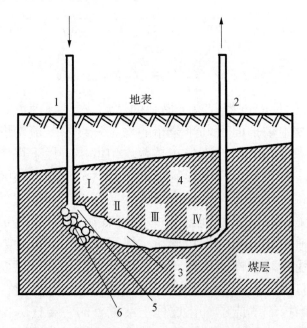

图 2.3　气化反应带示意图

1-鼓风钻孔；2-排气钻孔；3-水平通道；4-气化盘区；5-火焰工作面；6-崩落的岩石；
Ⅰ-燃烧区；Ⅱ-还原区；Ⅲ-干馏区；Ⅳ-干燥区

表 2.1　不同气化剂生成的煤气组分和热值

气化剂种类	生成的煤气组成(体积)/%						热值/(kJ/m³)
	H_2	CH_4	CO	CO_2	O_2	N_2	
空气	14.0	1.8	16.2	10.2	0.2	57.6	4229
富氧空气(O_2, 37%)	21.0	2.5	22.1	15.5	0.2	38.7	5987
富氧空气(O_2, 48%)	28.2	3.5	26.1	15.4	0.3	26.5	7645

　　第 1 章介绍了地下煤气发生炉的建造,而本章主要介绍煤气的生产过程。气化过程的第一步是煤炭的燃烧过程,分两个阶段,即煤炭的着火和燃烧。着火是燃烧的准备阶段,这一阶段内燃料和空气的混合物受到氧化,进行没有可见效应火焰的燃烧。有效热反应过程中热被缓慢地积累起来,并且最后可能发生自燃。自燃是各种反应加快的结果,反应加快能准确地转入燃烧阶段,这里挥发物起重要作用。

　　煤加热时会出现裂缝,煤中挥发物从这些裂缝中排出。沿裂缝排出的挥发物具有很高的温度,因而它们在鼓风流中燃烧,能促进以辐射或对流方式将裂缝周围的煤表面加热到着火温度。结果就产生了许多点火的火源,最初这些单个火源出现于主火焰工作面相隔离的地段,之后便连成了一片。这一转变过程的实现是氧化释放出热能的结果。这些热能中只有一部分传到外部,大部分存留在内部,于是燃料和空气混合物内部的温度则比周围介质的温度高,因此氧化速度加快,释放出比开始时更多的热量,加快了氧化作用的进行;于是逐渐地使该过程强化起来,最后释放出的热量完全被吸收至抵消为止,进入了相当于临界温度,即着火点的热平衡状态。这个平衡很容易被破坏,只要将火花或炽热的物体引入反应混合物中,就能引起着火。不同种类煤的着火点见表 2.2。

表 2.2　不同种类煤的着火点

种类	温度/℃
褐煤	180～200
木炭	250
硬煤	300～350
半焦	395
冶金焦炭	640

　　煤层的燃烧和气化是一系列连续阶段所构成的复杂的物理化学过程。碳的燃烧是其过程的基础。因为煤层中挥发分析出后，焦化残留的碳是固体燃料中有机物质的主要组分。挥发分燃烧时间很短，而碳的燃烧过程最长，碳的燃烧反应进行得很快，且一直进行到底，而且是热能的主要来源。燃烧和气化过程的其他各阶段进行的强度取决于燃烧阶段中的放热强度。

　　从化学反应的观点来看，煤炭地下气化过程是在气固分界面上进行的。气化通道的气相就是沿通道截面流动着的气流（鼓风空气和水蒸气）的基质；而气化通道的固相乃是自然煤层、不同热分解的煤、煤层的顶底板岩石及气化所形成的灰渣。岩石、灰渣、天然煤和不同热分解的煤直接气化，以及通过气隙和裂缝同气相接触的表面就构成了气固两相的分界面，如图 2.4 和图 2.5 所示。

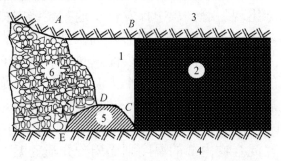

图 2.4　地下气化过程相配置示意图
1-气相；2-固相；3-煤层顶板；4-煤层底板；5-灰渣；6-破碎岩石；BC-煤层与气相接触面；
EDC-灰渣与气相接触面；AB-岩石与气相接触面

　　煤炭气化是将由高分子组成的固态物质的煤转化为由低分子组成的气态物质的过程。气化过程是煤炭物质分子在 1000 ℃以上的条件下进行的。

　　第一，煤质分子周围的官能团以挥发分形式脱去，某些交联键断裂，氢化芳烃裂解并挥发析出，形成烃类轻质气体，氢化芳烃还有可能转化成附加的芳烃部分。芳烃部分转化成小的碳微晶体，碳微晶体聚集可形成煤焦。

　　第二，在脱挥发分过程中，生成活性的碳微晶体，它们可以与周围的气体作用而气化，也可以失活而形成煤焦。

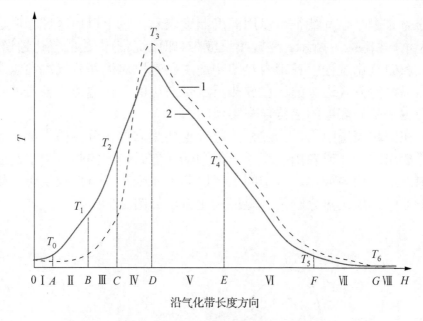

图 2.5　地下气化过程温度分带性

1-气相温度；2-煤层表面温度；Ⅰ-鼓风带；Ⅱ-鼓风干燥带；Ⅲ-着火准备带；Ⅳ-放热反应带；
Ⅴ-吸热还原带；Ⅵ-热分解带；Ⅶ-煤气干燥带；Ⅷ-煤气带；T_0-自然温度；T_1-预热温度；
T_2-着火温度；T_3-最高温度；T_5-干馏温度；T_6-出口煤气温度

第三，析出的挥发分活性大，可以与气相的 O_2、水蒸气、H_2等作用生成 CO、H_2 和 CH_4。

第四，由碳微晶体形成的煤焦可以气化形成煤气，也可以进一步缩聚形成焦炭。煤焦的气化活性主要取决于原始煤料和反应条件，如加热速度、温度高低、煤质的催化性质等。

2.2.1　通道气化的分带性

当煤炭在通道内气化时，气化带长度比较长，因而在通道内使煤层气化过程正常进行的主要任务是建立和维持具有这样的截面的通道。这种通道的比反应面积是最大的。而鼓风和煤气的空气动力学特性，对于鼓风向煤炭表面的扩散和气化产品从煤表面排出来是最好的。

通道气化的主要特征是具有分带性。在煤炭表面沿气化通道长度分为 8 个带，其特征可以用温度制度表示，也可以用区域相应过程表示，如图 2.6 所示。在放热反应带（即燃烧带）左边的气化通道，煤炭表面气化过程中各带内热的传递主要是以对流和从气流向煤炭表面辐射的方式进行的。在放热反应带右边的气化通道，各带的传递则主要是靠煤层的热传导来实现的。

在固相煤层中，气化过程的进行主要是靠由相分界面上放热反应释放出的热，或者由气相以对流和辐射方式传递的热。由于在固相中煤层不均匀放热，在空间上可以分为 4 个带：自然煤层带、煤层干燥带、煤层热分解带、煤层焦化带，如图 2.6 所示。

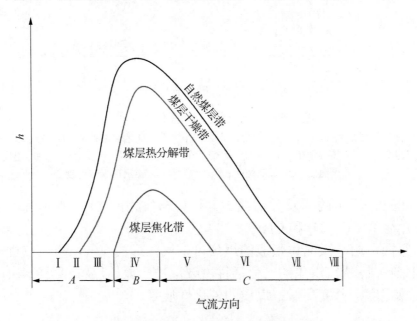

图 2.6　煤层中反应带位置示意图
A-鼓风带；B-过渡带；C-煤气带

沿气化通道的长度和在鼓风与煤气运动方向上，气化通道的气相组成是逐渐变化的，因此，可以在气相中分 3 个带：鼓风带、过渡带和煤气带。

鼓风带位于煤炭表面的 Ⅰ～Ⅲ区，过渡带位于Ⅳ区，煤气带位于Ⅴ～Ⅷ区。气化通道中，气相的鼓风带热的转移，主要是从固相的界面转向气相，在过渡带气相的温度迅速上升，变得比煤炭表面高；而煤气带气相温度则维持高于分界面的温度。

在有限长度气化通道的煤炭气化过程中，气化过程带的数目，无论是在相分界面上还是在气相中都逐渐地减少。例如，假定煤炭于气化通道气化时，火焰工作面向鼓风和煤气运动的方向移动，则随着煤炭的气化和气流的空气动力学条件的相应变化，沿鼓风和煤气的通道在放热反应带范围内，所分布的各带将逐渐地消失。即煤炭表面的煤气带（Ⅷ）、煤气干燥带（Ⅶ）、热分解带（Ⅵ）、吸热还原带（Ⅴ）都将依次消失；带的消失是因为当其他条件不变时，气化通道的长度是有限的，随着气化过程的进行，各带在煤析气的方向上不断移动，而且顺序占据其下一个带，被挤掉的带不可能再位于通道剩余的长度上，所以也就消失了。

应当指出，在气化通道的相分界面上一般进行的是多相反应过程，而气化过程的速度取决于扩散和反应比表面积。在气化通道的气相中，经常发生单相化学反应。反应的速度主要由温度和相应各组分浓度决定。在固相中，一般进行包含在煤炭和围岩组成中的有机质的热分解过程，以后当热分解和干燥气体产物沿着煤炭和裂隙移动时，不论是单相反应过程还是多相反应过程，都在不断地发生着，而且在气化通道的固相中，所进行气化过程的速度主要取决于温度。但是多相化学反应在煤层燃烧与气化过程中占据主要地位。

煤层中的碳与鼓风中氧的作用分为 3 个阶段：第一阶段是鼓风中的氧到达炽热的碳表面；第二阶段是在碳原子的力量影响下，气体分子被碳表面所吸附并生成反应产物；第三阶段是析气过程，即反应产物由表面脱离而进入气相。第一和第三阶段是一种物理过程，主要和气体的扩散有关。第二阶段是吸附-化学过程，紧密地与物理过程相联系，后者抑制着碳表面反应物质的作用浓度。反应不仅在碳粒的外表面进行，而且由于煤炭的多孔性结构，也在碳粒内部进行。向碳的表面供氧是以扩散的方式实现的，扩散的特性取决于气体介质的流体状态和其他因素。当其他条件相同时，碳与氧的化学反应速度取决于温度、碳的表面特征和单位容积内碳的表面积。且在一定的温度范围内，随着温度的增加，化学反应速度比氧气的扩散速度快几倍。例如，温度增加 10℃时，化学反应速度增大 2～3 倍，而扩散系数只增加20%～30%。碳的燃烧过程由两个阶段组成，其燃烧的速度取决于扩散速度和化学反应速度。

碳的燃烧过程分为 3 个区域：

(1)扩散区域。此时碳同氧的化学反应速度大都超过氧向碳表面扩散的速度，此种情况发生在高温条件下。为了在该区域中强化燃烧过程，必须增加扩散速度，此时的扩散速度决定了碳的燃烧速度。

(2)动力区域。此时，碳与氧的化学反应速度多比氧向碳表面的扩散速度小几倍。在此情况下燃烧速度不受扩散速度的限制，而受化学反应速度的限制，可以借助提高温度的方法增加化学反应速度。当反应碳表面的氧含量，按其值接近气体氧含量时，反应过程的总速度可以准确地根据碳与氧化学反应的速度来确定；化学反应进行得比较慢，这有如在不够高的温度下，进行 CO_2 的还原和水蒸气的分解反应。因为这种反应是吸热反应，为了保证其顺利进行，必须不断地供给大量的热能。在这种情况下，煤块表面反应介质的浓度足够完全补偿氧气在反应中的消耗，与此对应，总的反应速度基本上视温度而定。当然，扩散也是有一定作用的，因为随其扩散速度的增大，反应物进入煤块内部，总的过程由于内反应而得到加速。除此之外，煤块间的空隙与其温度、放热、传热过程有关，即与物理因素有紧密联系。

(3)中间区域。在扩散区域和动力区域之间，有一个最常用到的广泛区域，在这里，物理和化学因素具有同样重要的作用，即扩散速度和化学作用速度具有相等值，称作中间区域。

在一般条件下，观察不出纯粹的动力区域和扩散区域，但在实际工作中，地下煤气发生炉内的哪一种反应过程发生在哪一区域是很重要的。例如，最主要应知道发生燃烧带及还原带内的 $C+O_2$ 和 CO_2+C 的反应位于 3 个区域的哪一个区域。但问题的解决比较复杂。一般来说，氧化带可以认为温度超过 100℃时的反应过程是扩散区域，而对还原带就不能这样认为。虽然碳与氧之间的作用速度在超过 1000℃时，取决于向碳表面氧的扩散速度，显然气体动力学对反应过程有很大的影响。气流速度对燃烧过程有很大的作用，而对碳表面温度的变化影响较小。用气流法燃烧煤粒时，送风速度增加，在很大程度上大大缩减了碳颗粒的燃烧时间。

在地下煤层气化通道中的析气过程，是对煤和围岩进行化学的热作用的结果。热因素在析气过程中起重要作用。由于煤层和岩石被加热，煤气和水蒸气便从煤和围岩中析出，进入气化通道的气相中。煤气中所含热能的多少取决于煤和围岩中挥发物质的含量，还取决于气化方法。化学因素在析气过程中起决定性作用，不仅是由于在它的作用下获得了绝大多数的煤气，而且它还是析气过程中热因素的能源。

在化学因素的作用下析气，主要是鼓风中的氧对固相或直接对其中析气的可燃物作用的结果，可燃物与氧的反应热为水蒸气相反应提供了条件。

2.2.2　气化反应带的析气过程

图 2.7 为气化反应带的析气过程示意图。

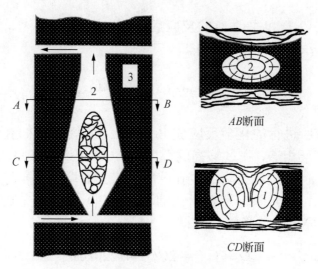

图 2.7　气化反应带的析气过程示意图
1-崩落岩石；2-气化通道；3-煤层

通道气化析气是把在煤表面沿气化通道长度的气化过程分成 3 个带，即氧化带(燃烧带)、还原带和干馏干燥带。在氧化带，主要是气化剂中的氧与煤层中的碳相互作用(多相化学反应)，产生 CO 和 CO_2。就反应情况的不同，在不同的比例下分别形成或同时产生 CO_2 和 CO:

$$xC + \frac{1}{2}yO_2 = C_xO_y \tag{2.5}$$

$$C_xO_y = mCO_2 + nCO \tag{2.6}$$

CO_2 和 CO 是同级产物，并且均是放热反应:

$$C + O_2 = CO_2 + 94052kcal \tag{2.7}$$

$$2C + O_2 = 2CO + 52852kcal \tag{2.8}$$

在氧化带内形成的 CO 和 CO_2 的数量，与氧化剂中 O_2 的含量呈直线关系。而且在一定温度时，其比值为一常数。但其比值 CO/CO_2 不取决于 O_2 的有效浓度，而取决于反应过程的温度及燃料的物化性质。

经过式(2.7)和式(2.8)的反应后，若还有游离氧存在，则游离氧与 CO 相互作用，又生成 CO_2。

$$CO + \frac{1}{2}O_2 = CO_2 + 67940kcal \tag{2.9}$$

氧化带所进行的化学反应放出大量热，使煤层炽热。生成的 CO_2 与炽热的煤层相遇，在足够高的温度下，CO_2 还原成 CO，反应速度随着表面的疏松和表面附近炭孔隙度的增大而增大，同时与 CO_2 的浓度成正比，并且随着燃料活性的增加，CO 的产物也增加，而进行如式(2.10)所示的吸热反应:

$$CO_2 + C = 2CO - 41220kcal \tag{2.10}$$

经过式(2.10)的反应后，CO_2 还原成 CO，开始了还原反应带。

　　煤层中不可避免地含有水分，这些水分在高温作用下与碳相互作用，进行式(2.11)和式(2.12)的反应：

$$C+H_2O \Longrightarrow CO+H_2 - 21320kcal \qquad (2.11)$$

$$2H_2O+C \Longrightarrow CO_2+2H_2 - 21544kcal \qquad (2.12)$$

　　水蒸气被焦炭分解的反应是气化过程中的一个重要反应。在还原带内所进行的反应都是吸热反应，因此在还原带末端，温度降低到不能进行 CO_2 的还原反应，但是气体和煤层的温度还相当高，部分 CO 与多余的水蒸气又发生如式(2.13)所示的反应：

$$CO + H_2O \Longrightarrow CO_2 + H_2 + 10270kcal \qquad (2.13)$$

　　式(2.13)的反应为 CO 和水蒸气的转化反应，这个区域称作 CO 转化带。这个转化反应在有催化剂的情况下才能产生，煤的灰分中的金属氧化物就是这种催化剂。在转化带的末端，产物产生干馏现象。煤中所含的挥发物质被热分解而析出干馏气体，此带称为干馏干燥带。

　　在氧化带所进行的反应，其所放出的热量能建立起气化过程中所必需的温度条件，补偿在吸热反应中挥发物质与散失在周围介质中的热量。在还原带中，是形成可燃气体主要成分 CO 的区域，并且还分解水蒸气，增加可燃气体中的 H_2 含量。在转化区域，在一定条件下，受到多余水蒸气的影响，CO 转化成 CO_2，增加了 H_2 的含量，但是煤气的热值却因此而降低(约 $150kcal/m^3$)，是一种不利的反应。这一转化过程的发生，可由式(2.14)计算出：

$$CO_H^{①} - X = \frac{CO_H(100 - X)}{100} \qquad (2.14)$$

式中，CO_H 为初期 CO 的含量；X 为参加反应的 CO 的含量。

　　在此期间，地下煤气发生炉形成了比较大的气化流体的空间。

---

① 用物质表示变量，余同。

地下水的作用和鼓风强度不够，是促成转化反应的主要原因。干馏干燥带使煤中有机物分解，析出一定量的氢气和甲烷，并将煤层预热，预热作用有利于气化过程的进行。

氧化带的划分，主要取决于游离氧数量的多少和温度的高低。气化通道越大，游离氧消耗蔓延的路径越长，氧化带也就越长，在一定程度上使氧化带的温度越高，对气化工作面温度的建立是有利的。CO 和 CO_2 的浓度，是沿着氧化带的长度逐渐增加的，而 O_2 的浓度则沿着氧化带的长度逐渐减少。当剩余的氧在气化通道上某一处开始消失时，该处就认为是还原带（600～900℃）的开始。还原带所进行的化学反应是吸热反应，吸收大量的热量，产生可燃气体，CO 的浓度增加，H_2O 也被分解为 H_2，使煤层和周围介质中的温度大大降低。这样就使火焰工作面的热量沿气化通道长度逐渐减少，温度逐渐降低。当温度降低到不能满足还原反应所需要的温度条件时，就成为还原带的终点，而开始了干馏干燥带（200～600℃）。其干馏产物——热分解气体，因温度高而被燃烧掉，析出的煤气中只含少量的 CH_4、C_mH_n 和 H_2S。燃烧带的温度高达 1500℃左右，而在干馏干燥带的末端下降到 600℃左右。

如果按照最终煤气的组分来研究在气化通道中的析气过程，就可得到如下情况：

（1）CO_2 是煤的热分解、鼓风氧同煤表面及挥发物的反应产物，也是水蒸气和 CO 的反应产物，此外岩石的固相和 CO 的分解反应也是产生 CO_2 的源泉；

（2）H_2 主要是固相热分解和水蒸气同碳和 CO 的反应产物；

（3）CO 是鼓风氧、CO_2 和水蒸气同煤表面的反应产物及固相的热分解产物；

（4）CH_4 主要是固相热分解产物；

（5）不饱和的 C_mH_n 主要是固相热分解产物；

（6）H_2S 主要是固相热分解和在燃烧带形成硫化物的还原产物；

（7）在煤气中的 N_2 乃是鼓风的产物，因空气中含有大量的 N_2，而 N_2 是惰性气体，不参加化学反应。

　　图 2.8 表示在自然条件下，沿气化通道长度煤气组分的变化特征。氧化带与还原带合并成气化带。

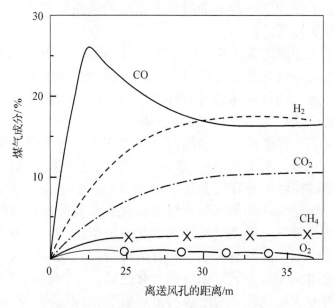

图 2.8　沿气化通道长度煤气组分的变化特征

　　随着气化过程的继续进行，火焰工作面不断地向逆向-径向或顺向-径向延伸，火焰工作面不断从一个钻孔底部延伸到另一钻孔底部，其截面积也在不断地扩大。在这个析气过程中，其截面的形状是不同的，主要取决于不同气化段顶板的稳定性、贯通通道的最初形状、煤层厚度和地下煤气发生炉的其他条件。最初的气化阶段是在良好的条件下进行的，这是由于气流中的每个分子撞击气化通道的煤壁时，通道截面会扩大到暴露煤层的顶底板，此时气化通道表面已不全是活性的煤表面，暴露出来的顶底板是惰性表面，运动着的气体分子的每一次撞击不一定都有利于生成煤气。相反，气体分子对惰性岩壁的撞击将导致热损失的增加，因此，决定火焰工作面（即气化通道）的截面积，清楚围岩的性质、火焰工作面的形状和特性，将能更有效地管理与控制地下煤炭气化过程。

　　当煤炭地下气化时，在大多数情况下，气流为湍流，沿着自由通道(或渗透通道)或者自由-渗透通道运动。当不同厚度的倾斜煤层气化时，气流主要沿着自由通道流动。在该情况下自由通道的平均地面即火焰工作面的平均地面取决于煤层的倾斜角、厚度、煤的灰分和顶底板的性质。

使火焰工作面的截面维持一定的尺寸是管理地下气化过程的一项主要工作。当气化通道过长时，就有可能产生环流通道，而使生成的煤气燃烧。当气化通道过宽时，鼓风就离开火焰工作面的反应表面而流动，这样都将使气化过程变坏。

确定火焰工作面的平均截面时，假定在地下煤气发生炉内的气流是沿着自由通道流动的，并且服从一般矿山巷道的鼓风运动规律。这种假说通过实践结果证实是正确的。

火焰工作面的移动是氧气和煤的焦化残留物的反应过程在气化通道上移动。氧气与煤在气化通道的化学反应过程，导致形成火焰工作面，火焰工作面朝有利于这一反应进行的方向移动。具有相当大的比反应面积和最高氧气浓度的气化通道，是鼓风氧同煤焦余物反应过程的最有利地段。对于煤与鼓风氧的反应过程，在鼓风运动方向上发展的条件也在不断地形成着。由于放热反应热 3 种传递方式——传导、对流和辐射，向煤表面和氧气中转移，在一个方向上一般要创造进行或维持氧气与煤的焦化残余物的化学反应极良好的温度条件不大可能。因鼓风氧的消耗是发生于火焰工作面氧化带的整个面积上的，面积的增加是靠火焰工作面在顺向、逆向和径向上的任一方向上的移动达到的。若逆向移动，发展停滞时，就加速了径向上的发展，并且引起火焰工作面的顺向移动。干燥、干馏、还原和氧化过程都是连续的，直到该区域的煤全部消耗殆尽。

随着煤层的燃烧，火焰工作面不断向前、向上推进，火焰工作面下方的析空区不断被燃烧剩余的灰渣和顶板垮落的岩石所充填。同时，煤块也有可能下落到析空区，形成一反应性高的块煤区，随着系统的扩大，气化区逐渐扩大至气化盘区的范围，并以很宽的气化前沿向排气钻孔推进。

通过排气钻孔最后到达地面的是焦油和煤气，其热值为 5217～10057kJ/m³，典型的煤气组成：N_2 为 50%～60%，CO 为 10%，H_2

为 10%，CO_2 为 10%～20%，CH_4 为 10%～20%。

2.3　水蒸气与两段地下气化热力循环

2.3.1　两段地下气化热力循环

　　空气煤气热值小，气化效率低，气体显热损失高。为充分利用热气体的热量，把水蒸气和空气一起通入地下煤气发生炉，便形成了两段气化生产水煤气的热力循环。水煤气是以水蒸气为气化剂，吹入炽热的煤层分解制得的煤气，主要成分为 CO 和 H_2，作为合成氨的原料气。

　　煤炭地下气化是将处于自然状态下的煤炭进行有控制的燃烧，通过煤炭的热作用及化学作用而产生可燃气体的过程。如图 2.9 所示，可燃气体的产生主要分为 3 个阶段，在地下煤气发生炉的气化通道中表现为 3 个反应区域，即氧化带、还原带、干馏干燥带。

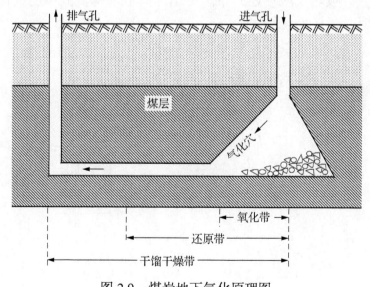

图 2.9　煤炭地下气化原理图

1)氧化带(吹风阶段)

在氧化带中主要是气化剂中的氧气与煤层中的碳发生多相化学

反应，产生大量的热，使附近煤层炽热，生成主要成分为 N_2 和 CO_2 的高温吹风气：

$$C + O_2 =\!=\!= CO_2 + 393.8MJ/mol \tag{2.15}$$

$$2C + O_2 =\!=\!= 2CO + 231.4MJ/mol \tag{2.16}$$

2) 还原带（制气阶段）

$$CO_2 + C =\!=\!= 2CO - 162.4MJ/mol \tag{2.17}$$

$$H_2O + C =\!=\!= H_2 + CO - 131.5MJ/mol \tag{2.18}$$

　　向高温层内吹入水蒸气，利用积蓄在煤层内的热量进行水蒸气被碳还原的反应，生成以 CO 和 H_2 为主的水煤气。还原反应的速度取决于还原带的温度，随着还原带温度的增加，H_2 和 CO 的产率迅速增加，如图 2.10 和图 2.11 所示。同时还原带的长度越长，还原反应越充分。吸热反应使还原带温度迅速降低，降低到不能进行上述还原反应时，还原区结束。

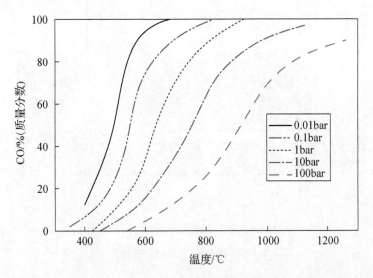

图 2.10　反应 $C + CO_2 = 2CO$ 中，平衡混合物组成与压力的关系
1bar=10^5Pa

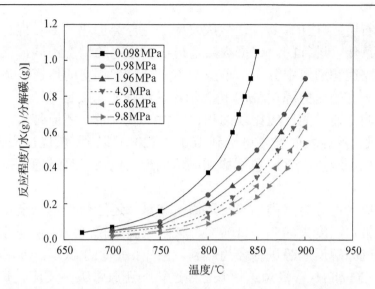

图 2.11　不同温度下水蒸气分解反应程度与压力的关系

3) 干馏干燥带

此时气体和煤层的温度还相当高，这一热作用使煤层中的挥发物质被热分解。常温到 300℃主要是煤干燥、脱析，挥发物的成分主要是 C_mH_n。300～550℃的煤以分解、解聚为主，450℃以前煤急剧分解、解聚，析出大量焦油和气体，焦油几乎全部在这一阶段析出，煤软化、熔融、流动和膨胀；450～550℃时，胶质体分解、缩聚、固化成半焦。550～750℃时，半焦分解出大量气体，收缩产生裂隙。750～1000℃时，半焦进一步分解、继续析出气体。1100～1200℃时析出气体完毕，变成具有一定强度的焦炭。

经过 3 个反应带后，就形成了具有可燃组分 CO、H_2、CH_4 的煤气。可燃气体的来源为水蒸气的分解、CO_2 的还原和煤炭的热解。三者的强弱决定了出口煤气的组分和热值。

在煤的地下气化过程中，根据煤的地质条件的不同可形成两种气化反应通道——无固相的自由通道和渗滤性通道。在急倾斜煤层中气化时，冒顶煤块下落充填了通道，因此气化反应通道为这两种类型的综合体——渗管流气化通道。

渗滤性通道是由受热的煤炭和少量多孔矿物岩石(灰分、顶底板和煤灰石层)组成的。其气化生成反应是在已经加热的多孔煤柱和矿物填塞条件下进行的。根据煤层通道矿物填塞的情况不同，气流以不同的路线在通道中分布，形成汇聚、分叉和相交的通道。流体流过单位长度的压力降($-\Delta p/l$)是表示流动特征的重要参数。

渗滤性通道的反应比表面积比较大，氧化带、还原带短，温度集中。氧化反应表面温度可达到 $1000 \sim 1200℃$ 以上，燃烧反应剧烈，放出大量反应热，CO_2 急剧增加，达到最大值后，又迅速下降，并有 CO 生成。

还原带可分为两类：第一还原带和第二还原带。第一还原带紧靠氧化带，温度为 $950 \sim 1100℃$，该区域温度较高，CO_2 还原反应和水蒸气分解反应等进行较为顺利，生成了大量的 CO 和 H_2，因此，该区域 CO 和 H_2 含量急速增长。经过第一还原带吸热反应之后，在第二还原带，温度有所下降，一般为 $700 \sim 950℃$，反应所需热量已不足，在进行 CO_2 还原反应的同时，进行着与此相反的 CO 变换反应，CO 又转化为 CO_2。这一放热反应使第二还原带的热量得到相应的补充。第二还原带的厚度约为第一还原带的 1.5 倍。渗滤通道的反应比表面积大、热量集中、还原带温度高，CO_2 还原和水蒸气分解效率高。因此，渗滤性通道较自由通道更有利于煤气热值的稳定和提高。

无论是自由通道，还是渗滤性通道，气流离开还原带后还有足够的温度使煤层干馏，产生 CH_4 等其他轻质气体。干馏煤气生产能力取决于气化温度，如图 2.12 所示。温度对干馏煤气的组成及产量的影响主要有两个方面，一是对煤层的初次热解，二是对初次热解产物的二次反应。在没有二次反应的情况下，某一挥发分的产量将随温度的升高而单一地增加，即随着该组分分解反应的加深而增加，然而，如果存在二次反应，则温度升高将提高某些组分的产率而抑制另外一些组分的产率。同时，初次热解产物的油类和焦油，也会与扩散的水蒸气二次反应形成轻质气体，增加 CH_4、H_2 等轻质气体的产量。

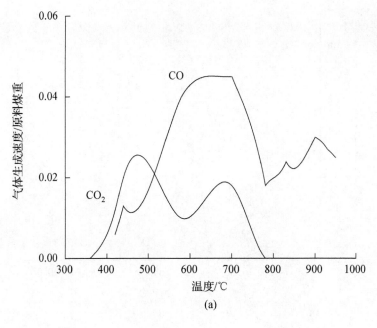

(a)

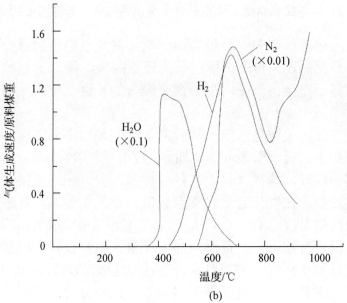

(b)

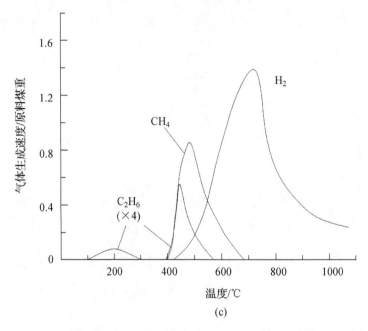

(c)

图 2.12　恒定加热速度下煤热解时所逸出的气体组分随温度的变化

　　综上所述，稳定和提高煤炭地下气化的煤气热值的最有效措施如下：一是提高还原带的温度，扩大还原区域，使 CO_2 还原和水蒸气分解更趋于完全；二是增加干馏干燥带的长度，生产更多的干馏煤气。

　　两段气化的关键是：第一阶段应能产生足够多的热量，并将其积蓄在煤层中；第一阶段与第二阶段（鼓水蒸气阶段）两者时间之比的比值越小越好。这种气化工艺是一种循环向气化通道供给空气和水蒸气的过程。在气化通道一端点火后，小风量鼓风，观察地下煤气发生炉内的温度分布，当点火处温度升至 350℃ 以上，改用大风机鼓风，温度持续上升，可逐渐加大风量，直至设计值风量。建立第二阶段分解水蒸气所需的温度，当温度达到 1000℃ 以上时，停止鼓风，送入水蒸气；温度下降至 750℃，说明分解水蒸气反应已经微弱，停止供应水蒸气，启动鼓风机鼓风，完成一个循环。煤炭的氧化还原周而复始地进行，不断生产水煤气，直至盘区边界，鼓风停止，盘区生产结束，转另一个地下煤气发生炉。

水煤气生产是间歇性的, 连续供气需两台地下煤气炉同时工作。

水煤气的理论组成是 50% 的 CO 和 50% 的 H_2, 热值为 2500kcal/m³, 实际上水煤气中含有 3%～7% 的 CO_2、3%～5% 的 N_2 和 0.5%～10% 的 CH_4。水煤气的实际热值仅为 2200～2500kcal/m³。

水煤气热值大, 作为气体燃料, 用于各种加热炉。化学工业是水煤气最大的用户, 作为原料气, 水煤气可得到合成生产所需的氢气(如煤和焦油加氢以制取轻质燃料、油脂加氢、氨合成)。水煤气可用于焊接或截切金属。

混合煤气是固体燃料完全气化的产物, 在人造气体燃料中有极优越的地位。这种煤气是空气中的氧气和水蒸气在地下煤气发生炉中制得的。地下煤气发生炉中煤气的反应带具有很高的温度, 炉子的热量损失大, 煤气带走的热量也很大, 若输送距离远, 煤气的显热将全部损失, 反应带的温度也会降低。若把空气煤气、水煤气的制气方案结合起来, 即用空气水煤气法气化生成空气煤气是放热的; 同时进行以水蒸气气化吸热的过程, 得到混合煤气, 其组成和热值都有改变和提高, 其化学过程为多相反应的过程。

在氧化带反应为

$$2C + O_2 + 3.76N_2 = 2CO + 3.76N_2 + 588604J/m^3 \qquad (2.19)$$

$$C + H_2O = CO + H_2 - 283804J/m^3 \qquad (2.20)$$

在还原带反应为

$$
\begin{aligned}
C + H_2O &= CO + H_2 \\
C + 2H_2O &= CO_2 + 2H_2 \\
C + H_2O &= 2CO + H_2 \\
C + CO_2 &= 2CO
\end{aligned}
\qquad (2.21)
$$

煤气热值在 1200～1560kcal/m³, 可以用劣质燃料做原料。煤气专门用作燃料, 可以用作内燃机燃料及燃气轮机的燃料气, 混合发生炉煤气也是液体燃料最适宜的替代品。

2.3.2　水蒸气与废热锅炉

水蒸气是水的气体状态，水的化学组成为 H_2O，是气化煤气中 H_2 的主要来源。水蒸气是废热锅炉生产的。废热锅炉种类繁多，这里介绍火管式废热锅炉。其构造如图 2.13 所示。

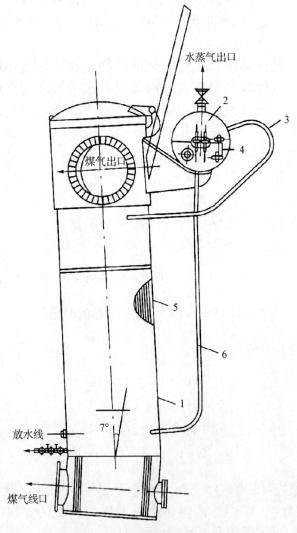

图 2.13　火管式废热锅炉

1-炉身；2-汽包；3-上升管；4-水位表；5-火管；6-下降管

废热锅炉由炉身和汽包 2 组成。来自燃烧室的 500~700℃的气体，通过火管 5 把热量传递给火管间的水，使水蒸发成水蒸气，气体的温度降至 210℃左右，火管中的厚壁管起增强锅炉花板强度的作用。废热锅炉的汽包和炉身由循环管 3、6 连通。水自汽包的液相加入。通过下降管不断注入炉身壳程，火管外的沸腾水和水蒸气混合物，经上升管进入汽包。沸腾水和水蒸气在汽包里分离，水蒸气从汽包顶部的水蒸气出口管引出。

废热锅炉炉身倾斜 7 度，用以促进对流，使热交换效率提高，并使炉身和汽包的重心达到平衡。

1. 废热锅炉热量平衡

废热锅炉热量平衡时的热量计算为：由热气体带进废热锅炉的热量（$Q_{进}$），一部分用来产生蒸汽，为 Q；另一部分随着排出的气体而带出废热锅炉，为 $Q_{出}$；还有一部分由炉体表面散失到大气之中，为 $Q_{损}$；其表达式为

$$Q_{进} = Q + Q_{出} + Q_{损} \qquad (2.22)$$

如果以 $\eta = \dfrac{Q_{损}}{Q_{进} - Q_{出}}$ 为热损失系数，代入式（2.22），则得

$$Q = (1-\eta)(Q_{进} - Q_{出}) = \varphi(Q_{进} - Q_{出}) \qquad (2.23)$$

式中，φ 为废热锅炉的保温系数。

废热锅炉的热损失 $Q_{损}$ 还应包括排污热损失。排污量随水质和水处理情况、锅炉大小而异，一般中、小型锅炉的排污量最高可达产气量的 5%。换热器的热损失系数一般不超过 2%～3%。

2. 传热量 Q 的计算

传热量 Q 可根据热气体进出口热量计算

$$Q = G \cdot C_{p混}(t_2 - t_1) \qquad (2.24)$$

式中，$C_{p混}$ 为混合气体的定压比热，$kJ/(m^3 \cdot ℃)$。

3. 热损失 $Q_{损}$ 的计算

热损失 $Q_{损}$ 以扣除排污损失 3%～5%来计算，炉体表面的热损失为

$$Q_{损} = \alpha_T F(t_1 - t_2) \tag{2.25}$$

式中，α_T 为散热系数，W/(m² · ℃)；F 为保温层外壁的面积，m²。

当周围空气是自然对流且温度小于 150 ℃时，平壁绝热层表面的散热系数为

$$\alpha_T = 9.8 + 0.07(t_1 - t_2) \tag{2.26}$$

式中，t_1 为废热锅炉外壳或保温层的外壁温度，℃；t_2 为空气的温度，℃。

4. 蒸汽产量计算

蒸汽产量以 D 表示，由式(2.24)计算出来的传热量 Q 用来产生水蒸气，则

$$D = \frac{Q}{i'' - i_{给水}} \tag{2.27}$$

式中，D 为废热锅炉的蒸汽产量，kg/h；i'' 为饱和蒸汽的焓值，kJ/kg；$i_{给水}$ 为给水的焓值，kJ/kg。

将式(2.23)代入式(2.27)可得

$$D = \frac{\varphi(Q_{进} - Q_{出})}{i'' - i_{给水}} \tag{2.28}$$

若考虑排污，则蒸汽量为

$$D = \frac{\varphi(Q_{进} - Q_{出}) - D_{排}(i' - i_{给水})}{i'' - i_{给水}} \tag{2.29}$$

式中，i' 为饱和水的焓值，kJ/kg；$D_{排}$ 为排污量，kg/h。

5. 锅炉动力计算

求出蒸汽产量之后，锅炉功率由式(2.30)计算

$$P = \frac{D\left(i'' - i_{给水}\right)}{8436.3} \tag{2.30}$$

式中，P 为锅炉功率，kW。

2.4　通道气化反应带的热力条件

煤是远古太阳辐射能光合作用的产物，是以碳为主，含有水分、灰分和不同烃类的天然固体燃料。元素成分有 C、H、O、S、N 等，某煤的挥发分析出量为 26.9%，其挥发物质及焦炭中各元素的百分数见表 2.3。

表 2.3　不同物质中的元素含量

名称	元素				
	C	H	O	S	N
焦炭/%	86	7	5	45	60
挥发物/%	14	93	95	55	40
煤	100	100	100	100	100

煤的燃烧热量是煤转化为气体燃料的热动力条件。热值有高热值 Q_B 和低热值 Q_H 之分，中间之差为水蒸气的凝结热，如下所述：

$$Q_H = Q_B - 6(9H + W) \tag{2.31}$$

式中，W 为煤中水分的含量，%；H 为煤中氢的含量，%。

一般水蒸气凝结热都不考虑，煤的燃烧热值由式(2.32)确定：

$$Q_H = 81\left(C - \frac{3}{8}O\right) + 3.54\left(H - \frac{O}{16}\right) + 253 - 6(W + 9H) \tag{2.32}$$

煤在燃烧时挥发性物质开始外溢，不同种类的煤的挥发物质开

始外溢时的温度 T_e^H、挥发物质的溢出量 V_r，煤中可燃物质的热量 Q_r，其中挥发物质的热量 Q_e，焦炭的热量 Q_k 值详见表 2.4。

表 2.4　不同种类的煤的不同热量值

煤名称	$T_e^H/℃$	V_r 占可燃物质的百分数/%	Q_e 占 Q_r 的百分数/%	Q_k 占 Q_r 的百分数/%
褐煤	130~170	48	41	59
长焰煤	170	46	50	50
气煤	210	38	45	55
锅炉	260	25	35	65
瘦煤	390	16	25	75
无烟煤	380~100	5	10	90

在碳的燃烧或气化过程中进行的化学反应，伴随着一定的热效应，或为正，或为负。碳的完全燃烧或不完全燃烧，CO 和 H_2 的燃烧反应都有大量的热能放出，使煤层温度升高，为煤层气化准备了必要的热条件。CO_2 的还原和水蒸气的分解及其反应吸收热量，消耗一定的热量，是进行气化过程中最主要的反应，产生 CO 的热量的消耗来自燃烧带，约 15% 的气化煤量燃烧供给气化过程所需要的热量。例如，温度越高，则所得的 CO 也就越多，CO_2 的还原反应就进行得越快和越完全。在 CO_2 与碳表面接触时间一定的情况下，CO 在煤气中的含量随反应温度的升高而增大。

气化所生成的 CO_2 进入还原带时，围绕在小煤块的周围，在小煤块表面上形成一层薄薄的气膜，借分子扩散作用，CO_2 穿过这层薄膜而到达碳表面，进行还原反应，生成 CO，再以同样的方式自碳表面将 CO 输送出来。当 CO_2 与碳表面的化学反应速度大大超过 CO_2 向碳表面的扩散速度时，总的反应过程的进行，主要取决于扩散速度，而扩散速度与温度有关。

根据布杜阿尔所采用的计算常数的方程式：

$$\ln K + \frac{21000}{T} - 21.4 = 0 \qquad (2.33)$$

式(2.33)为空气煤气过程的基本反应，按 $CO_2 + C \Longleftrightarrow 2CO$，由式(2.33)计算所得的反应时平衡混合物组分见表 2.5。

表 2.5　不同温度下的平衡组成

温度/℃	CO 含量/%	CO_2 含量/%
550	11	89
650	39	61
800	90	10
925	97	3

在常压下，随着反应温度的升高，平衡混合物中 CO 的含量增大。其平衡常数 $K = \left(\dfrac{CO}{CO_2} \right)^2$。

当为空气煤气时，CO 和 CO_2 的混合气被氮气所冲淡，从而降低了 CO 和 CO_2 的分压力，并为 CO_2 的还原创造了有利条件，具体见表 2.6。

表 2.6　不同温度下空气煤气和无氮煤气的成分量

温度/℃	空气煤气成分/%			无氮煤气组分/%	
	CO_2	CO	N_2	CO_2	CO
400	20.6	0.9	78.5	95.6	4.4
500	17.1	6.4	76.5	72.6	27.2
600	10.1	18.1	71.8	35.8	64.2
700	3.1	29.4	67.5	9.5	90.5
800	0.6	33.7	65.7	2.0	98.0

因此，提高温度可促使在 CO_2 还原时 CO 的析出量增加。

在气化过程中，对 CO_2 还原成 CO 的速度也应改变，它在很大程度上取决于反应温度的高低。当反应温度提高时，反应速度将急剧增加，如图 2.14 所示。

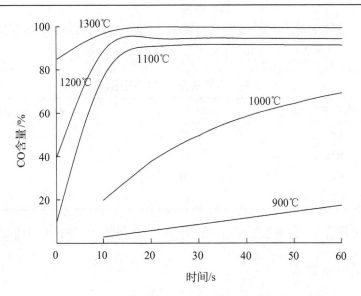

图 2.14　CO_2 还原成 CO 的时间与含量的关系

$$\frac{\mathrm{d}\ln K}{\mathrm{d}\ln T} = -\frac{\overline{Q}}{RT^2} \tag{2.34}$$

式中，R 为气体常数。

由式 (2.34) 可知，在吸热反应中，$\overline{Q} < 0$ 和 $\dfrac{\mathrm{d}\ln K}{\mathrm{d}\ln T} > 0$，即平衡常数随着温度的增高而增加，促进了 $C + CO_2 \longrightarrow 2CO$ 反应的进行。在放热反应中，$\overline{Q} > 0$ 和 $\dfrac{\mathrm{d}\ln K}{\mathrm{d}\ln T} < 0$，在这种情况下，平衡常数随着温度提高而减少，促进了 $C + CO_2 \longrightarrow 2CO$ 反应的进行。

在常压下所进行的放热和吸热反应的总热量 Q_p 等于系统含热量的变化。

$$Q_P = -\Delta H = \int_0^{T_2} C_P \mathrm{d}T - \int_0^{T_1} C_P \mathrm{d}T + Q_0 \tag{2.35}$$

式中，Q_0 为在 0℃ 时反应的热效应；C_p 为定压气体比热容，$kJ/m^2 \cdot ℃$。

因此，在气化区进行化学反应时，燃料表面及其孔隙内部强烈地进行放热和吸热过程，造成燃料层和气体的高温。热量的传递主要以辐射方式进行。在氧化带范围内温度达到最高，热交换进行得最强烈。

在多相反应中，都包括两个不同的过程：第一个过程是纯物理过程，这一过程包括物质交换和反应所需的气体吸附至固相表面或深入固相内部，以及气态反应物的逸出。此过程包括对流、扩散或两者共有的过程，它取决于固体与气体间的相对速度、压力和压力降，以及反应气体的组分浓度，温度对它作用很小。第二个过程是化学反应过程，反应速度在反应物质浓度不变的情况下，取决于反应过程的温度。

$$V = V_{m} e^{-\frac{A}{RT}} \qquad (2.36)$$

式中，V 为反应速度；T 为绝对温度；V_{m} 为假定所有的分子碰撞都引起反应情况下的反应速度；$e^{-\frac{A}{RT}}$ 为引起反应时的分子数；A、R 均为常数。

由此可知，反应速度随着反应温度的升高而迅速增加。从表 2.5 中可知，当温度达到 900～1000℃时，几乎所有的 CO_2 都被还原成 CO（实验室条件下）。

综上所述，决定煤气产品组成的主要因素是气化过程的温度。在任何气化强度下，只要能保证气化带有足够高的温度，就能够得到优质的煤气。强活性燃料气化温度为 1000～1100℃，弱活性燃料气化温度为 1200～1400℃时，碳的氧化均能以高速度进行，并且随着温度的增加，水蒸气的分解速度也增加，这就增加了煤气中的可燃成分 H_2 的含量。

还原带是煤气生成的主要反应区域。在该区域内，温度的建立，主要取决于氧化带的燃烧与煤的物理化学性质，通常煤的灰分含量少、活性高、发热量大，易建立所需的温度。周围介质的热损失主要与煤层埋藏的自然条件有关，通常地下煤气发生炉的密闭性高、煤层厚。气化时渗入火焰工作面的地下水量小、周围介质(顶底板)热传导率低、热损失小。

　　按理论计算，氧化带的理论温度，在空气鼓风时甚至超过2000℃。实际上，当煤气完全燃烧时，所形成的煤气温度最高，在烟煤中可达到 1500℃（空气鼓风），在褐煤中可达到 1200℃，随着CO 含量的增长，温度降低。这样高温的气体，流经还原带而使还原带的温度也能达到 1100℃左右，在这样的温度下能充分保证 CO_2 的还原。干燥干馏带的温度降低到 900℃以下。要保持气化带有这样的高温或更高的温度，必须采取相应的措施，使气化过程进行得充分而完善。图 2.15 表示煤气中 CO 和 CO_2 的含量与气化带温度的关系。

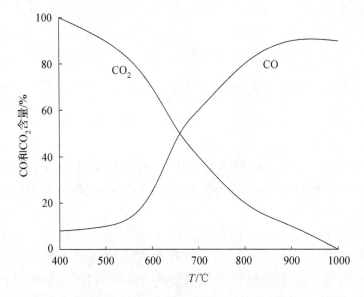

图 2.15　煤气中 CO 和 CO_2 含量与气化带温度的关系

　　应减少在氧化反应后所析出的热损失并把这些热用于还原反应，即消耗于生成煤气中的可燃组分上（CO、H_2 等）。由于限制在地下煤气发生炉反应带，消耗于加热围岩、水和其他的热损失不能超过 5%～8%。当热损失较大时，析气的还原过程紊乱，不可能完全反应。在反应带的热损失越大，形成的煤气热值越低。

　　热条件取决于氧化带的燃烧温度及析出的热量及热损失情况，这与煤的种类、结构、物理化学性质及煤层赋存的自然条件有密切关系。合理的气化工艺可建立更好的热条件，而空间条件则取决于煤的结渣性围岩和顶底板的物理化学性质及气化工艺系统。连续性原则是气化过程的基础。将氧化剂(鼓风流)及连续的气流送入煤气地下发生炉中的火源处，在这里氧化剂同固体燃料反应，而且反应的煤气同样是连续地由气化和燃烧带导出的。这是检查和控制鼓风流和煤气流，以作为进行地下气化过程所必须的条件。

2.5　鼓风及防止风气漏失

在地下煤气发生炉的不同工作阶段，多次均匀地向煤层的表面鼓风，保证氧化剂(O_2、CO_2 和水蒸气)同炽热的碳相互撞击和作用，是炉内稳定析气的主要条件。因此，研究鼓风和煤气运动规律的空气动力学在煤地下气化时显然具有重要的作用。

地下煤气发生炉析气过程，是在气化通道煤壁的表面上进行的煤燃烧和气体扩散，因此，析气的成效与 O_2(或其他氧化剂)进入反应的煤表面的强度，以及反应产品从该处排出的成效呈直线关系，即与鼓风作用于煤表面的强度，或者与鼓风物质移向地下煤气发生炉的反应带的强度呈直线关系。在此情况下，可以认为当在煤层中进行气化时，只有鼓风流沿着气化通道移动，将 O_2(在气化带)和 CO_2、水蒸气(在还原带)输送到反应的煤表面，才能进行气化反应，产生可燃煤气。

在煤的析气过程中，炉内形成的通道形状和大小是不同的。其形状和大小取决于氧化带顶板的稳定性、贯通通道的最初形状、煤层厚度和地下煤气发生炉工作的条件等。

为了顺利送风于反应的煤表面,需要采用不同的供风系统和不同的工艺方法。这些方法的特点及其生产煤气的能力、效率和消耗物质及能量的标准(电耗、风耗等)取决于以下参数：煤层组成及厚度、煤的化学反应物质、煤的灰分含量及性质和煤的水分、顶板和煤层本身在加热和气化时的稳定性、煤层的埋藏深度、围岩的导热系数等。

尽管过程是复杂的，但尚需研究氧化剂(主要是 CO_2 和 H_2O)供给反应的煤表面不足的原因,以当气化过程结束后,还原反应开始时,煤气中所含 CO_2 和 H_2O 之间的比值不同，对煤气的热值产生影响。

2.5.1　空气动力学系数

气化剂从鼓风流向反应煤表面的传递方法对煤炭地下气化来说，只考虑效果最显著易调节的方法——湍流扩散。气化剂向反应煤表面传递的完备程度，引入风流有效空气动力学活动性系数 K_a 来说明。这个系数表示还原的多相反应结果所生成可燃组分的百分数，与在煤气中(在 1mol 中)原始组分的百分数的比，即

$$K_a = \frac{\frac{1}{2}CO}{\frac{1}{2}CO + CO_2} \tag{2.37}$$

式中，$\frac{1}{2}CO$ 为 CO_2 作用于反应物的煤表面后所形成的 CO 的量(在 1mol 中)；CO_2 为进行还原反应后煤气中所含的 CO_2 的量(在 1mol 中)；$\frac{1}{2}CO + CO_2$ 为还原反应开始前煤气中 CO_2 的摩尔数。

在最理想的情况下，在还原过程中，所有 CO_2 都与碳起作用，K_a 将等于 1，这是因为 $CO_2 = 0$ 和 $K_a = \dfrac{\frac{1}{2}CO}{\frac{1}{2}CO} = 1$。在其他情况下，$K_a$ 则小于 1，而且其将取决于反应煤表面风流有效空气动力学活度。这个系数还影响空气动力学系数(风速、消耗量、鼓风的湍流度等)，因此，地下煤气发生炉的其他参数(温度、反应带长度、反应煤表面与岩石表面的比、煤的反应性等)都将影响 K_a 的变化。

因此，根据 K_a 值来评定鼓风流的空气动力学特性，是在煤的性质相同、析气过程温度制度相同、反应表面值相同及其他条件相同的情况下进行的。

一定的 K_a 值可以由供风物质的不同消耗来达到。例如，在连续煤体内开拓的气化通道条件下，气化剂从风流向反应表面的传递强度，可能比在岩石和煤层间的气化通道的条件下小两倍。还可以用

水蒸气分解生成 H_2 与参加还原过程的水蒸气总量的比来表示 K_a 值，即 $K_a = \dfrac{H_2}{H_2 + H_2O}$。

但是，既然水蒸气总量取决于煤层和围岩的水分，而且它可以在很大范围内波动，而煤气中 CO_2 的含量则主要取决于鼓风中的 O_2 含量，因此虽然在地下煤气发生炉工作的很多情况下，H_2 是煤气热值的重要组成部分。但是对于析气过程来说，式 (2.37) 是较具有代表性和稳定的形式。

这样就可以根据 CO_2 转变为 CO 的分子数从式 (2.37) 判断鼓风流在反应带的空气动力学活度（属于反应表面的活度）。与此同时，这个系统也代表在达到热力学平衡部分的煤工艺过程的成效。

K_a 的物理意义概括为：气化剂由风流向反应面供给的次数越多，其分解和形成可燃组分的机会越多。当其他条件相同时，气化剂供给反应表面的频率或风流通过所有参与反应的还原带期间的供给次数取决于气流的空气动力学性质。

2.5.2　鼓风量

鼓风量是向燃烧碳供应氧化剂的过程。氧化剂可以是空气（O_2：$N_2 = 21 : 79$，N_2 是燃烧中的废物），也可以是为提高 O_2 的浓度所进行的富氧鼓风。不管是空气鼓风还是富氧鼓风都应满足煤炭地下气化工艺的要求。用鼓风强度表示鼓风量的多少和压力的大小。前者与满足燃烧所需的气化反应的强度、钻孔断面、气化通道的渗透性、地下水的排出情况和地下煤气发生炉的结构有密切关系。而钻孔断面和气化通道的渗透性又决定了鼓风强度（风量和风速）。

气化通道的稳定，主要取决于单位时间内参与反应的碳量，而参与反应的碳量，又取决于固体碳和 CO_2 的化学反应速度与 CO_2 分子移向固体碳表面的速度，前者与氧化带的温度有关，后者则与送入风流的速度（鼓风速度）有关。因此，在一定地质水文条件下，适当地控制鼓风速度、限制气化带气流的速度，可以使气化过程正常化。

如果向煤层鼓风量，在一定长度的反应带中能与炽热的若干小煤块进行连续的、猛烈的接触，则其化学反应进行得最完全。为了保证气化过程中具有这样的条件，调整送入的风流速度是必要的。

固体燃料的气化过程是多相化学反应，它的总反应速度可以使碳表面气体的质量交换加剧。

还原带的气流速度，决定了 CO_2 与焦炭的接触时间，接触时间的长短可以影响形成气体的最后组成成分。但是必须在具有一定温度的条件下提高气流速度(即鼓风速度)，才能有利于煤气组成的最后形成，否则将会导致更坏的结果。例如，在燃烧工作面温度不够高时，增加气流速度，气流与碳表面的接触时间缩短，CO_2 及水蒸气得不到充分的还原和分解，这就降低了 CO 与 H_2 的含量，同时也增加了煤层的阻力，与此相反，则会在足够高的温度条件下扰乱气流的流动。

由于 CO_2 趋向碳的反应表面的情况有所改善，加速了化学反应速度，CO_2 的还原也就进行得更剧烈。

煤层中的气流速度取决于鼓风速度。鼓风速度的增加，不仅促进 CO_2 的还原反应，而且由于鼓风速度的增加，初级产物 CO 的燃烧可以部分避免，而从氧化带带走。因此，随着鼓风速度的增大，带走的 CO 的含量及最后气体中 CO 的含量均有所增加。

适当地控制送入煤层中的鼓风量，在一定条件下可以改善气化过程的进行。送入钻孔内的鼓风量越多，则消耗在顶底板加热的单位热损失越少，气化带内的温度相对提高而改善了气化条件。这就使 CO_2 趋向碳的反应表面的情况有所改进，CO_2 的还原也就进行得越剧烈，CO 形成的反应速度也越快，生成气体的热值也因此提高。

但是气化过程的改善，并不是随着鼓风量的增大而无限地提高。在鼓风量超过一定程度时，反而更不利于气化过程的进行。

随着鼓风速度和鼓风量的增加，煤层周围岩石移动的速度相应地增大而产生裂隙，裂隙的产生导致了鼓风和煤气的漏损及热量的损失，并且扰乱了火焰工作面的气流，这就恶化了气化条件。

最适宜的鼓风量与煤层埋藏的自然条件及煤的物理化学性质有关，其值由实验决定，并且受钻孔直径、鼓风压头及钻孔间距等条件的限制。例如，在莫斯科近郊气化站，最适宜的鼓风量为 3000～

3500m³/h，在利西昌斯克气化站则为 4000～6000m³/h。

在整个气化过程中，送入煤层的鼓风量及鼓风速度，不应是固定不变的，而应是随着气化通道的扩大和煤气组成的成分的变化随时调整，使煤气的热值保持恒定或更高，以满足气化工艺的要求。为了准确掌握鼓风量并合理地选择，引用苏联 3 个气化站(安格连、莫斯科近郊、利西昌斯克)鼓风强度对所生产煤气热值的影响，如图 2.16～图 2.18 所示。从 3 个图中可以看出各气化站都有最适宜的鼓风量。

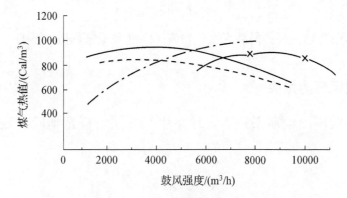

图 2.16　安格连气化站鼓风强度对煤气热值的影响

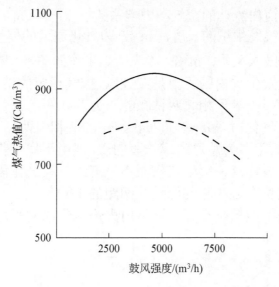

图 2.17　莫斯科近郊气化站煤气热值与鼓风强度的关系

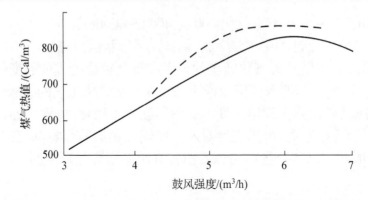

图 2.18　利西昌斯克气化站鼓风强度对煤气热值的影响

2.5.3　鼓风压力损失

在一般矿山地质条件下，地下煤气发生炉任意地段的鼓风压力损失为

$$h_z = \alpha \frac{LP}{S^2} Q_h^2 \tag{2.38}$$

式中，h_z 为地下煤气发生炉任何地段的鼓风压力损失，mmH_2O；α 为鼓风在气化通道内流动的空气动力学系数，$(kg \cdot s^2)/m^4$；L 为气化段或整个地下煤气发生炉的长度，m；P 为气化通道的周长，m；Q_h 为通过发生炉的鼓入风量，m^3/s；S 为火焰工作面的平均截面积，m^2。

地下煤气发生炉内的压力是在鼓风、排气稳定的钻孔上测定的，气化段的压力损失等于相邻两钻孔的压力差。

烟煤地下气化时，$\alpha = 0.009 kg \cdot s^2/m^4$。取相邻两钻孔(鼓风钻孔和排气钻孔)的距离为总通道或一段的长，但由于煤气化析气的不均匀性，或因顶板塌落，火焰工作面不呈直线，取气化段或整个地下煤气发生炉的长度 L 为相邻两钻孔间距的 1.3 倍。

通道周长不能精确计算，这里用火焰工作面的平均截面积表示梯形的周长

$$P = 4.16\sqrt{S} \tag{2.39}$$

代入式(2.38)可得

$$h_z = \alpha \frac{4.16L\sqrt{S} \cdot Q_h^2}{S^3} = \alpha \frac{4.16LQ_h^2}{S^{2.5}} \tag{2.40}$$

如不考虑由化学反应产生的容积变化，则通过通道的鼓风量就等于送入钻孔的鼓风量。

地下煤气发生炉内的煤气量应把热膨胀的增长考虑在内。若取地下煤气发生炉内的平均温度为 100℃，体积膨胀系数为 0.00367。热膨胀产生的体积膨胀由式(2.41)计算：

$$Q_t = Q_0(1 + \beta t) \tag{2.41}$$

式中，Q_t 为在 t℃时的气体体积，m^3/h；Q_0 为在 0℃时气体的开始体积，等于鼓风量，m^3/h；β 为体积膨胀系数；t 为地下煤气发生炉内的平均温度，℃。

当送入的初始鼓风量分别为 1060m^3/h、804m^3/h、500m^3/h、576m^3/h 时，在地下煤气发生炉内的气体体积相应为 4950.2m^3/h、3754.68m^3/h、2335.6m^3/h、2689.92m^3/h。

根据式(2.38)，火焰工作面的平均截面积 S 为

$$S = \sqrt[2.5]{\frac{4.16\alpha LQ_h^2}{h_z}} \tag{2.42}$$

表 2.7 为利西昌斯克气化站用式(2.42)计算的火焰工作面的切面结果。

表 2.7　火焰工作面的切面结果

鼓风量 Q_h/(m³/h)	压力损失/mmH₂O	空气动力学系数 α/[(kg·s²)/m⁴]	地面上煤气发生炉长度 L/m	地下煤气发生炉内气化段长度 L_1/m	在 $t=1000$℃时的气体体积的平方 Q_t^2/(m⁶/s²)	火焰工作面的平均截面积 S/m²	$t=1000$℃时的风量 t/(m³/h)
501～490	326.4		18.2	23.4		0.0744	
490～486	163.2	0.009	21.5	28.0	0.558	0.1051	2689.20
488～495	122.4		24	31.2		0.1235	
504～490	625.6		18.2	23.7		0.0513	
490～488	163.2	0.009	21.5	28.0	0.420	0.0937	2335.00
488～495	340.8		24	31.2		0.0732	

　　煤气生产的调节是根据煤气压力变化来进行的，有喷射式调节器、均衡式调节器、电调节器等。调节煤气生产能力的系统如图 2.19 所示，在煤气总管 7 中，压力的变化作用于煤气压力接受元件 1，使压力传送器 2 又将压力传送到调节器 3，调节器 3 执行机构的动作，因而移动鼓风量调节机构 5，而使鼓风机的鼓风量减小或增大。在调节鼓风量时，使鼓风机转速变化达到目的，一般用离心式和轴流式鼓风机，其鼓风量和鼓风压力调节范围较大，能满足地下气化的要求。

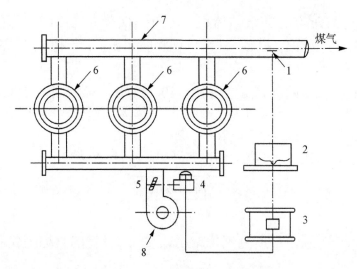

图 2.19　煤气生产调节示意图
1-煤气压力接受元件；2-压力传送器；3-调节器；4-执行机构；5-鼓风量调节机构；
6-地下煤气发生炉的排气钻孔；7-煤气总管；8-鼓风机

2.5.4　鼓风机的选型

　　鼓风设备是煤炭地下气化的核心设备，它为燃烧提供氧化剂。地下气化站一个钻孔的鼓风量为 $3000\sim5000\mathrm{m}^3/\mathrm{h}$，地下气化站选择鼓风机时，其空气参数要完全符合工艺要求，要考虑到调节鼓风量、鼓风压力的可能范围，能量消耗和成本的经济指标，以及传动装置的效率。按动作原理，鼓风机可分为活塞式、离心式和轴流式

3 种。活塞式鼓风机鼓风量小，只适用于小规模的试验，离心式和轴流式鼓风机的特点是它们的鼓风量与最后的鼓风压力有一定的关系。每种鼓风机都有符合其最大效率的合适的鼓风压力及鼓风量制度，绝热效率是衡量各种类型鼓风机的经济合理性的正确准则。离心式鼓风机的绝热效率为 70%~80%，轴流式鼓风机的绝热效率为 85%~92%，可用变转速的涡轮机传动，是鼓风机调节最经济的方法。

压气机一般用电动机驱动，其选型应考虑输送气体的要求压力，设备的维护、管理和经济等诸多因素，常用的压气机有离心式压气机和回转式压气机。

离心式压气机是气体通过高速旋转的叶轮，并在叶轮内的流道中受到离心力的作用，被高速抛至叶轮外围的壳体内，动压有效地转变成为静压而使气体压力提高。气体压力提高所需的动力大致与吸入气体的密度成正比。

离心式压气机有单级与多级两种类型。单级压气机产生的压力较小，一般在 200~2000mmH$_2$O(1961~3923Pa)。多级压气机可产生更高的压力，对每一级的压力比最大约为 1.2。当级数为 8~9 级时，气体压力可达 50mH$_2$O(490.4kPa)以上。

罗茨鼓风机属于回转式压气机，它是由一对 8 字形转子装在机壳中，转子轴上装有一对传动齿轮，使转子相互逆向旋转，将转子与机壳之间所形成的空间气体从吸气口压向排气口。罗茨鼓风机的鼓风量与转速成正比，而且不受出口压强变化的影响。当转速一定时，鼓风量可大体上保持不变。罗茨鼓风机的排气量为 2~500m^3/min，出口表压力在 78.4kPa 以内，但当表压力为 39.3kPa 时，其效率最高。

气化站鼓风机的鼓风量计算见式(2.43)所示：

$$M_0 = K'M_g \tag{2.43}$$

式中，M_0 为鼓风机的鼓风量，m^3；M_g 为地下煤气发生炉生成煤气的产量，m^3；K' 为系数。

生产 $1m^3$ 的煤气，在理论上需要的鼓风量可以由煤气和鼓风中氮含量之比求得

$$D_t^1 = \frac{N_g}{N_0} \tag{2.44}$$

式中，D_t^1 为 $1m^3$ 的煤气产量与鼓风量之比；N_0、N_g 分别为鼓风和煤气中的氮含量。

但考虑到煤气及鼓风的漏损，实际的鼓风量比理论值稍大：

$$D_P^1 = K \cdot D_t^1 \tag{2.45}$$

式中，D_P^1 为实际鼓风量与 $1m^3$ 的煤气量之比；K 为生产 $1m^3$ 煤气的鼓风量，大于 1，该值与煤层覆盖岩石层的透气性、气化空间岩石的崩落特性、地下煤气发生炉的煤气相压力及其他因素有关，引用前苏联几个气化站中求得 K 值，具体见表 2.8。

表 2.8　生产 $1m^3$ 煤气的送风量 K 值

地下气化站名称		鼓风中氧气含有量/%	K
莫斯科近郊气化站		21.0	0.80～1.10
南阿宾斯克气化站	1 号煤气发生炉	21.0	0.67
	2 号煤气发生炉	21.0	0.93
利西昌斯克气化站	14 号煤气发生炉	34.6	1.00
	29 号煤气发生炉	39.0～40.0	0.90～1.07

可以由 D_P^1 来计算鼓风机的鼓风量。

国产的离心式空气鼓风机有 9-19 型和 9-26 型，具有效率高、噪声低、性能曲线平坦、高效区域宽广等优点。罗茨鼓风机专门用于输送煤气做煤气排送机，前苏联气化站使用的鼓风机类型及其特性见表 2.9。

表 2.9 前苏联气化站使用的鼓风机类型及其特性

类型	鼓风机特性				驱动机
	鼓风量 /(m³/min)	鼓风压力 (气压)/Pa	转速 r/(r/min)	动力/kW	
4000-44-1 型 (t_H=20℃)	$\dfrac{3370}{3700}$	$\dfrac{3.40}{3.50}$	$\dfrac{3170}{3250}$	$\dfrac{11200}{12500}$	蒸汽透平
4000-44-1 型 (t_H=20℃)	$\dfrac{2700}{3250}$	$\dfrac{3.40}{3.70}$	$\dfrac{3200}{3400}$	$\dfrac{9000}{11500}$	蒸汽透平
1700-41-1 型 (t_H=20℃)	$\dfrac{1300}{1700}$	$\dfrac{3.20}{3.60}$	$\dfrac{3100}{3350}$	$\dfrac{4100}{5900}$	蒸汽透平
3700-132-1 型 (t_H=15℃)	$\dfrac{2300}{2700}$	$\dfrac{3.80}{2.50}$	$\dfrac{3100}{2500}$	$\dfrac{9000}{11500}$	蒸汽透平
920-33-3 型 (t_H=30℃)	$\dfrac{690}{920}$	$\dfrac{2.90}{3.30}$	5200	3100	电动机

2.5.5 防止鼓风的损失

煤气或鼓风的损失，将会降低煤气的热值。气流损失随煤层的赋存条件，如煤层埋藏深度及其透气性、顶底板岩石的情况的不同而不同。在浅部煤层气化时，若要将气流损失减少在允许的范围内，气流的压力就要保持在 3.51kg/cm²(工程大气压 at[①]) 以下。在深部煤层或低透气性的岩层系统中，可以保持较高压力水平。显然气化站不应建立在有严重破碎的地带。

在气化过程中，当煤层顶板下塌，气流会进入上部沉积岩层，特别是气化浅部煤层时，气流损失将会变得严重。如能阻止顶板下塌，气流进出口钻孔经过适当准备和密闭，并且地层没有破碎，气流的损失会控制在最低程度。

在贯通和气化几种不同钻孔连接中，气流损失的范围占供入空气的 14%～60%。鼓风量与煤气的绝对损失量，随着地下生产能力的增高而增大。例如，在莫斯科近郊气化站，煤气的损失量为 13.7%～32.4%；在利西昌斯克气化站，煤气的绝对损失量为 12.6%～

---

① 1at=9.80665×10⁴Pa。

22.1%；在南阿宾斯克气化站，火气的绝对损失量为 15%。在给定煤气的损失率为 n 时，鼓风量 V_a 与排出的煤气量 V_g 之间的比例关系为

$$\frac{V_a}{V_g} = \frac{1}{N_2^a}\left(N_2^g + \frac{n}{100-n}N_2\right) \tag{2.46}$$

式中，N_2^a 和 N_2^g 分别为鼓风中和排出煤气中氮的含量；N_2 为损失煤气中氮的含量。

经验基础如下：

(1) 其他条件不变，随着鼓风强度的增加，煤气的相对损失量呈二次曲线减少；

(2) 当鼓风钻孔或排气钻孔的孔底压力升高或者两种钻孔的压力同时升高时，煤气的损失量也随之增加；

(3) 各排气钻孔距离增大时，煤气的损失量随之增加；

(4) 在气化区域透气性增大的初期，煤气的损失量显著下降；

(5) 燃烧面接近煤层边缘时，煤气的损失量显著增大；

(6) 为了减少褐煤地下气化时的煤气损失量，用炸破法增加煤层中的裂隙；

(7) 煤气静压力增大时，煤气的损失量也增大。

为有效防止煤气损失，在选择气化区域时应避免断层和裂隙。

从鼓风量和煤气中的氮平衡，可计算气化过程中鼓风和煤气的损失量

$$\delta = \frac{GN_1}{DN_0} \times 100\% \tag{2.47}$$

式中，δ 为鼓风的有效利用程度，%；G 为相对鼓风量为 D 时，煤气生产的总量，m^3；N_1 为煤气中氮的含量，%；N_0 为鼓风中氮的含量，%；D 为鼓风量，m^3。

煤气的地下损失量用式(2.48)计算：

$$G_f = \left(1 - \frac{G}{D\dfrac{N_0}{N_1}}\right) \times 100\% \tag{2.48}$$

式中，G_f 为煤气的地下损失量，%。

当增加鼓风压力时，单位时间从地下煤气发生炉内所得的煤气量越大，煤气的损失量越小，其关系由式(2.49)确定：

$$G_f = \frac{G_n}{G_T} \times 100\% \tag{2.49}$$

式中，G_n 为煤气的地下损失量，容积百分率；G_T 为所得的煤气量，容积百分率。

采用火力渗透贯通气化通道时，其煤气的总损失量 Q 按式(2.50)计算：

$$Q = \left[1 - \frac{1.02 V_g N_g}{79\left(V_a^g + 0.5 V_a^L\right)}\right] \times 100\% \tag{2.50}$$

式中，V_g 为总煤气量，m^3；V_a^g 为气化鼓风量，m^3；V_a^L 为贯通鼓风量，m^3；N_g 为总煤气中氮的含量，%；79 为空气中氮的含量；1.02 为煤气在管道中的损失系数；0.5 为贯通过程中鼓风非生产的损失。

防止气流损失的措施有：

(1)从几个钻孔同时排出煤气，避免单孔排气；

(2)降低煤气排出钻孔的压力；

(3)增加钻孔管道的密闭性。

(4)如图 2.20 所示，在线 I 上所有鼓风钻孔同时鼓风，线 II 上所有排气钻孔同时排出煤气。

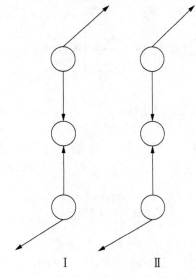

图 2.20   排煤气钻孔

线Ⅰ上均为鼓风钻孔；线Ⅱ上均为排气钻孔

第3章 煤气的净化与燃气发电

煤炭地下气化站，由地下部分与地上部分组成，地下煤气发生系统是气化站的主体；开拓在地下煤层中，它完成着煤炭的化学能到煤气化学能的转化，生产清洁的气体燃料——煤气。其优点是解决煤炭的燃烧污染，燃烧、气化的残留物留在地下。煤气升到地面经净化除尘后，还要在地面能量转化设备和系统中继续进行能量转化，这种转化是在气化站地面系统中进行的。通过燃气轮机装置和蒸汽透平系统把煤气的化学能转化为热能，燃气和蒸汽的热能转化为机械能，通过发电机将机械能转化为电能。同时生产的水煤气(原料气)进化工厂研制化工产品，甲烷化还可以得到高热值煤气，满足人民生活水平日益增长的需求。

3.1 煤气的净化、干燥与测试

3.1.1 地下煤气发生炉连续生产过程的测试

地下煤气发生炉连续生产依靠多种因素综合作用，得到合格的煤气组成。地下煤气发生炉气化过程中，煤转化为煤气及灰渣。煤气中会有一定的可燃成分，即 CO、H_2 和 C_mH_n，还有大量从空气中带来的 N_2、H_2O 和 CO_2。为了保证生产一定比例的可燃成分，就必须了解和掌握地下煤气发生炉的工作状况，如燃烧状况、供风状况、火焰工作面移动状况及煤气的组成和热值的变化等，以便采取措施提高气化过程的控制手段的准确性和针对性，获取满意的合格产品。测定代表性的参数，就成了必须要做的工作，测定的参数包括煤气成分及热值、地下煤气发生炉的温度、进口的氧化剂和还原剂、进出口煤气的流量、地下煤气发生炉的静压力等。通过这些参数的及时测定和获取、分析、反馈，可以及时掌握、控制气化工艺的各个环节，确保获得较高热值和较大流量的煤气，并达到稳定、连续生产。

测试仪器：煤气成分及热值用气相色谱仪；地下煤气发生炉的

温度测定采用镍铬-镍硅热电偶；进出口煤气的流量用皮托管流量计；地下煤气发生炉的静压力用 U 型管计。

气相色谱仪可提供地下煤气发生炉的工作状态，根据其工作状态，可用取样中的含氧量调整鼓风量，根据 CO、H_2 含量判断还原条件；根据 CO_2 含量判断地下煤气发生炉的温度情况，及时调整气化参数(鼓风量、鼓风压力、鼓风方式等)，从而得到较稳定的产气过程及高热值煤气。

1. 进出口煤气的流量的测定

进气孔气体的流量决定着地下煤炭气化的供氧量，与燃烧状况有直接关系，准确测量鼓风量的大小，并根据出口煤气流量及成分的反馈(煤气热值、含氧量等)，可及时合理调节鼓风量，达到使地下煤气发生炉形成较好的温度及原条件，保证产生稳定的、热值高的煤气。及时调整鼓风量，可以对地下煤气发生炉的燃烧状况及移动速度进行有效控制，进而防止过量燃烧导致大范围顶板塌落及地表沉陷，还可防止未能充分燃烧而浪费煤炭资源。此外，准确测定进出口煤气的流量结合煤气热值成分可为建立煤炭地下气化过程有关热力学及数学模型提供基础数据。

2. 温度测试

了解和掌握气化过程中地下煤气发生炉内的温度分布及发展规律，确定地下煤气发生炉 3 个带(氧化带、还原带、干馏干燥带)的大小、分布及移动趋势，对合理确定和调整气化工艺及流程有重要作用，并影响着温度在煤岩中的分布和传播。

通过测试鼓风压力和地下煤气发生炉内不同位置的气流静压力的变化，可以了解地下煤气发生炉内的通风阻力随气化过程进行的变化规律，据此可以初步估计气化通道的断面变化及燃烧进行的情况，也可间接了解煤层燃烧状态及顶板岩、煤层的塌落情况，以据此合理调节鼓风压力及鼓风量，保证火焰工作面有充分的供氧送达燃烧区域，进而确保火焰工作面合理地向前移动，这对于气化成功有重要作用。

如将地下煤气发生炉中的煤气当成机械混合物，其热值显然与其组成及含量存在如下关系：

$$Q = \frac{Q_H V_H + Q_{C_m H_n} V_{CH_4} + Q_{CH_4} V_{CH_4} + C_{CO} V_{CO}}{100} \qquad (3.1)$$

式中，Q_H、$Q_{C_m H_n}$、Q_{CH_4}、Q_{CO} 分别为 H_2、$C_m H_n$、CH_4 及 CO 的发热量；V_H、$V_{C_m H_n}$、V_{CH_4}、V_{CO} 分别为 H_2、$C_m H_n$、CH_4 及 CO 在产品煤气中的体积百分数，在标准状态下（0℃、760mmHg），每立方米各气体组分的燃烧热分别为：$Q_H = 2590 \text{kcal/m}^3$，$Q_{C_m H_n} = 17000 \text{kcal/m}^3$，$Q_{CH_4} = 8560 \text{kcal/m}^3$，$Q_{CO} = 3040 \text{kcal/m}^3$。

按照所用气化剂的不同，所生产的煤气分为动力煤气（空气煤气）和原料气（富氧或蒸汽空气煤气、蒸汽氧气煤气）。动力煤气是在地下煤气发生炉中以空气为气化剂而制得的煤气，其发热值低。在褐煤层中，煤气热值为 800~900kcal/m³；在烟煤层中，煤气热值为 1000~1200kcal/m³。动力热损大、气化效率较低，在用空气作气化剂时，因空气中含有大量惰性气体——N_2，而使产品煤气的组成中有大量的 N_2，降低了煤气的可燃组分。如果以蒸汽、富氧空气或蒸汽氧气混合气体代替空气作为气化剂，不仅使产品中氮组分大大减少，而且煤气中可燃组分增加，因而可大大提高煤气热值。地下煤气发生炉煤气的组分见表 3.1。

表 3.1　地下煤气发生炉煤气的组分

成分	动力煤气		工业原料气	
	烟煤	褐煤	烟煤	褐煤
H_2S/%	—	1.0	—	3
CO_2/%	14.8	17.4	19.7	38.0
$C_m H_n$/%	—	0.2	—	0.2
O_2/%	0.3	0.5	0.2	0.2
H_2/%	17.0	16.5	49.3	33.8
CO/%	16.3	7.3	12.9	9.9
CH_4/%	3.1	1.6	4.2	0.53
N_2/%	48.5	55.5	14.2	13.3
Q/(kcal/m³)	1200	870	2010	1440

3.1.2　煤气的净化与干燥

由地下煤气发生炉生产出来的煤气中含有相当数量的杂质：固体悬浮颗粒、轻质灰分和炭黑、蒸汽-水蒸气、焦油蒸汽、醋酸蒸汽、酚类蒸汽，以及其他化合物、其他气体——硫化氢氨等。

煤气中的固体悬浮颗粒，可堵塞煤气输送管道和煤气燃烧器，阻碍煤气在管道中的正常运动及使用；水蒸气可降低煤气的热值和地下煤气发生炉中的温度，同时还可增加随着燃烧产物带出的损失；醋酸在呈冷凝状态存在时，将使煤气管道和设备腐蚀；而硫化氢除了腐蚀设备外，还对人的健康有危害；焦油在煤气管道中沉淀将造成管道堵塞。因此，产品煤气中的杂质在使用和输送前必须经过净化、干燥处理。

除尘的方法有干式和湿式两种：在干式除尘时，从煤气中只除去固体悬浮颗粒；而在湿式除尘时，除了清除气体中的固体悬浮颗粒外，还可除掉水蒸气、醋酸蒸汽、部分焦油及其他有机化合物。在地下气化生产的煤气中，大多数用湿式除尘法，常与电气除尘或离心洗涤器的净化方法结合使用。

煤气中的灰分含量与气化煤种及其稳定性、气化强度等有显著差别。通常每立方米煤气中的灰分含量为 $0\sim45g$。随着气化强度的提高，以及气化煤的热稳定性越差，则其灰尘含量也越多；灰尘越小则越难净化。

利用灰尘在重力作用下沉降的装置有沉降式除尘器和辐射式除尘器。利用灰尘在气流回转时所产生的离心力的作用下沉降的装置有旋风式除尘器。这些装置用来分离粗粒灰尘和部分分离中等细粒灰尘。粗粒灰尘是指尺寸超过 $200\mu m$ 的灰尘，中等细粒灰尘为尺寸在 $20\sim200\mu m$ 的灰尘。煤气的干式除尘也有使用电滤器的。

煤气的干燥是因地下气化煤气中含有较多的水分，只有在水分含量很高时，才进行煤气的干燥，一般与煤气的净化并行。在压力不变时，煤气中的水分含量与其温度有关，随着煤气温度的升高，水蒸气含量急剧上升。因此，如果将气体冷却，则气体中的水蒸气含量减少到与其温度相对应的数量,而其他水蒸气全部凝缩,通常煤气的温度应冷却到 25~35℃。

在煤气冷却过程中,煤气中的醋酸、酚类和部分焦油蒸汽进行冷凝,同时还能分离出煤气中所携带的固体悬浮颗粒。煤气冷却主要用水进行,净化后的煤气可以沿管道畅通无阻地输送给用户。

煤气的冷却设备采用填充式或非填充式冷却塔。在洗涤塔中的冷却作用是煤气和水直接接触,被冷却的煤气由下而上流动,而冷却水则由塔的上部喷洒,煤气和水在塔中逆流运动,于是煤气得以冷却,煤气中的杂质被冷却水经塔底的水封流出。因此,在用水冷却煤气的同时,不仅可达到干燥煤气的目的,而且还可除去煤气中的灰尘。在煤气中含有大量灰尘时,湿式除尘可以与干式除尘结合使用。在这种情况下先进行干式除尘,在洗涤塔中喷射的水以水膜形式包裹灰尘颗粒,使其增大和加重,因而促进其在重力作用下沉降。

在煤气进行高纯度除尘时(灰尘含量<1g/m³),则采用动力式煤气洗涤塔——离心分离器或电滤器。

如果煤气中焦油含量较多时,则除了煤气的冷却和洗涤外,还应有焦油分离器——离心分离器或电滤器,以回收焦油。

煤气中含有少量的 H_2S,对人体和生产也有相当大的危害。一般规定:在公共工业用煤气中,H_2S 的含量应不超过 $0.01g/m^3$;化学工业用煤气中,H_2S 的含量则应小于 $0.1g/m^3$。从煤气中除去 H_2S 有干式和湿式两种方法,干式法采用固体吸收塔——含氢氧化铁的铁矿石和活性炭;湿式法采用液体溶液和悬浮液——含碳酸钾溶液、盐溶液等。

在处理大量气体时,由于湿式净化法体积小、经济,在地下煤炭气化中多采用湿式净化法以除去煤气中的 H_2S。

地下气化出口温度高并含有大量的灰尘、水分、焦油等。为了提高煤气的质量和回收焦油,地面设煤气净化系统。其目的是降温、废热回收、洗涤除尘和获取焦油。其流程如图 3.1 所示。热煤气在鼓风机或引风机的驱动下,进入空喷塔、洗涤塔,降温、除尘、除焦油，使煤气降至常温，然后输送给具有燃气轮机装置的燃烧塔。

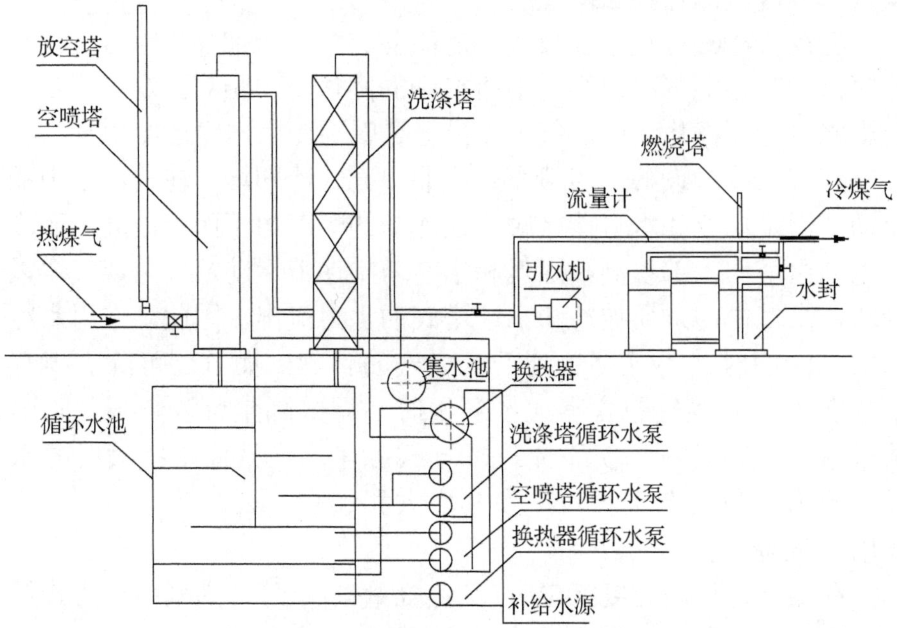

图 3.1　煤气净化系统

3.2　排气钻孔的排气温度

在煤炭地下气化过程中，由排气钻孔排出的煤气，含大量的物理热，使沿排气钻孔的壁面的温度按一定规律分布。设在排气钻孔中煤气的温度为 T_g，Z 为距工作面的距离，则可按式(3.2)确定 T_g 值：

$$T_{g(z)} = T_{g(0)} e^{-K_i \frac{2\pi r}{G C_P} Z} \qquad (3.2)$$

式中，$T_{g(0)}$ 为在钻孔工作时的温度℃；K_i 为岩石与钻孔套管间的热交换系数；r 为钻孔半径 m；G 为钻孔煤气生产能力，m^3/h；C_P 为恒定压力下煤气的热容量 J/(kg·℃)。

在钻孔不冷却的情况下，排气钻孔管口的温度，在褐煤中为200℃左右、烟煤中为 300~500℃。钢制钻孔套管将产生热延伸现象，式(3.3)可求其延伸长度。

$$l_t = l(0.012t) \tag{3.3}$$

式中，l_t 为温度为 t 时的延伸长度，mm；l 为套管的长度，m；t 为套管的平均加热温度，℃。

在受热情况下，套管头部热膨胀，降低排气钻孔顶端套管强度，可导致套管破坏，同时排气钻孔的底部温度很高，套管可被烧坏，或者被岩石压力损坏。所有这些情况都将降低排气钻孔的使用时间。

为了降低排气钻孔顶端的温度，可向排气钻孔内注水，使排气钻孔温度维持在 100～150℃，水由插入套管中 10～15m 长的导管供给。水导管的一端装有散水器，根据煤气的冷却温度自动调节注入水量。

3.3　燃气轮机装置工作进程

近代电力工业发展的总趋势是以煤气代替煤炭做发电燃料，煤炭地下气化生成煤气做燃料的发电方式有：蒸汽轮机、燃气轮机和蒸汽与燃气轮机组合 3 种方式。蒸汽轮机发电需大量的冷却水，装置费用大，而燃气轮机简单而经济，它能在发动机内部直接把燃料燃烧的热能转变为机械能，能够获得与燃烧温度相等的工作介质温度，这是使用蒸汽轮机办不到的。虽然气化过程中所产生的煤气的热值是波动的，但这并不影响燃气轮机的效率。试验证明，热值为 700～870kcal/m³ 的煤气，在适合的无焰燃烧室中燃烧可达到 1150～1350℃ 的燃烧温度，这一燃烧温度完全适应燃气轮机的工作条件。

燃气轮机的空气压缩机比空气电动压缩机更优化，利用前者完成燃气轮机的循环，以供应地下气化的压缩空气，能为增加生产能力所需要的各种机组提高压缩机的效率。燃气轮机—发电机组是煤炭地下气化生成煤气的一种很好的利用方式，有光辉的前景。

燃气轮机装置是一种旋转式的内燃动力装置，它以空气为传递媒介工作。空气经压缩、加热、膨胀等过程把燃料的化学能转化为热能，再转化为机械能输出。燃气轮机装置及其工作过程示意图如图 3.2 所示。燃气轮机装置由压气机、燃烧室、涡轮和发电机组成，其工作时，压气机从大气中吸入空气并进行绝热压缩，然后把压缩空气送入燃气室和地下气化燃气一起在定压下燃烧生产高温燃气。高温燃气在燃气轮机中进行绝热膨胀，推动叶轮输出轴功后，把废气在定压下排入大气，中间继续流动并不间歇。涡轮与压气机的轴是机联接的，涡轮所产生的功一部分为压气机所消耗，另一部分为燃气轮机装置可以输出的功，用于带动发电机发电。

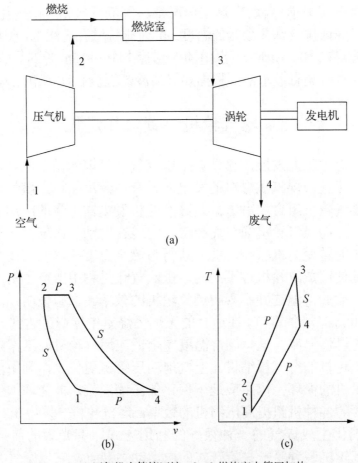

1～2-压气机中等熵压缩；2～3-燃烧室中等压加热；
3～4-透平中等压放热；4～1-大氮中等压放热

图3.2 燃气轮机装置及其工作过程的示意图

3.4 小型煤炭地下气化燃气电站

3.4.1 煤炭地下气化系统及地面设备

气化站由地下和地面两部分组成。主体是地下部分的煤气发生炉,地下煤气发生炉开拓建造在地下煤层中,其配置视煤层的埋藏深度和煤层的开采范围而定。建炉包括开凿鼓风钻孔、排气钻孔和火力渗透贯通火焰工作面。气化前要开拓疏干钻孔,排出底板岩层中和煤层中的地下水。气化开始后,在气化通道上形成火焰工作面和煤气析空区。

主体设备都在地面上,包括检测控制系统、电力电机系统、蒸汽热力系统、燃气轮机发电装置及辅助设备、供水系统、钻孔系统、送风系统、煤气净化系统和设备、煤气发生系统等。其中主要设备为煤气发生系统、送风系统和检测控制系统。小型煤炭地下气化站示意图如图3.3所示。富氧鼓风设备为空气分离器及空氧浓度的调配容器。

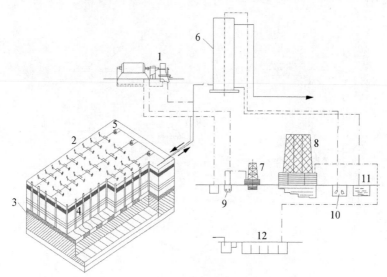

图 3.3 小型煤炭地下气化站示意图

1-空气压缩机;2-地下煤气发生炉(垂直钻孔结构);3-煤层;4-钻孔;
5-煤气预先净化装置;6-煤气冷却与提纯;7、8-冷却塔;9、10-泵;
11-沉淀池;12-废水净化装置

3.4.2　煤气发电系统及设备

煤炭地下气化煤气(CO、H_2、CH_4)可由空气和富氧鼓风水蒸气还原产生,因此对煤气有几种利用方式,可以用燃气轮机装置发电,也可用蒸汽轮机方式发电及煤气燃气蒸汽轮机联合循环发电。煤气可作为原料气进入工厂、作为民用利用热能服务于人民生活。

1. 除尘器、回热器、燃烧室

1)除尘器

燃气中有灰尘存在,进入煤气透平前,必须用除尘器除去灰分至一定净度,将大于 5～20μm 的灰尘粒除去,以免擦伤涡轮机叶片。常用除尘器为旋风式,利用空气进入除尘器时的切向分速度造成涡旋,析出灰分的除尘器如图 3.4 所示。除尘器可以多个并联使用。

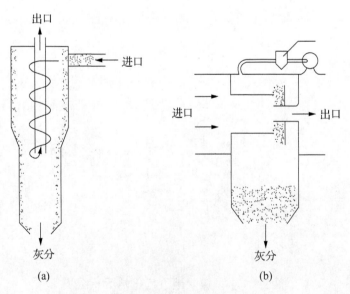

图 3.4　除尘器和除尘设备示意图

2）回热器

回热器是燃气轮机装置中所采用的热交换器的一种，是利用燃气排气中的废热来加热压缩空气以代替部分燃料的热交换器，高温工质的热量通过它传递给了低温工质，以增加燃气轮机的效率，采用中间冷却增加功输出。回热器分表面式回热器和再生式回热器。表面式回热器用传热元件和金属薄壁把两种进行热交换的流体隔开，使热量从金属薄壁一侧的流体传递给另一侧的流体，一般情况下回热度 σ<75%；高压下工作时，$\sigma \approx$90%。回热器中流体流动的方向大都采用逆流式、叉流式或多流程叉流式。

回热器的金属薄壁传导方式中逆流方式应用较多，高温边流体和低温边流体各自从一端流进，相向而流。

高温边流体温度自 T_{g1} 降至 T_{g2}，$T_{g2}<T_{g1}$；低温边流体温度自 T_{a1} 降至 T_{a2}，$T_{a2}>T_{a1}$。其中，$T_{a2}<T_{g1}$，$T_{a1}<T_{g2}$。但也可使 $T_{a2}<T_{g2}$ 或 $T_{a2}>T_{g2}$。

金属薄壁两边的温度变化曲线如图 3.5 所示。当无限增长传热面时，$T_{a2}\to T_{g1}$，$T_{a1}\to T_{g2}$。

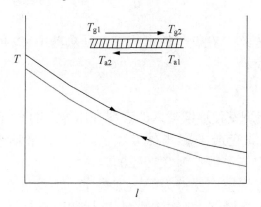

图 3.5　金属薄壁两端的温度变化曲线

当换热面无限增长时，冷流体可能被加热到热流体的进口温度。封闭循环管式回热器如图 3.6 所示。

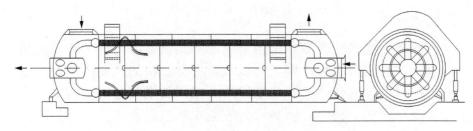

图 3.6　封闭循环管式回热器

回热器两侧气体温度的变化平均传热差用对数温差来计算：

$$\Delta T_{mz} = \frac{\Delta T_{max} - \Delta T_{min}}{\ln \dfrac{\Delta T_{max}}{\Delta T_{min}}} \tag{3.4}$$

流体沿等截面管道流动，压力损失为

$$\delta_p = 4C_f \frac{l}{d_k} \cdot \frac{\rho c^2}{2 \times 10^5} \tag{3.5}$$

式中，$C_f = 0.05/Re^{0.2}$，在燃气轮机回管式回热器中 $C_f = 0.008$ 左右；d_k 为圆管的直径。

3) 燃烧室

燃气轮机燃烧室使连续喷入的燃料在压缩后的空气流中不断燃烧成高温燃气，供应透平膨胀做功。燃气出口平均温度为 650～1400℃，过量空气系数 α 为 2.7～20。

燃气轮机燃烧室应保持为等压燃烧室，应保证在两次不同的情况下燃烧(注：1 次燃烧，2 次渗冷燃烧)运行可靠、不熄火、易点火、燃烧稳定、排气对大气污染少。在变二次时，燃烧效率 η_B 下降较少。尽可能完全燃烧，η_B 为 88%～99.5%。燃烧室由外壳、焰管和火焰稳定器 3 部分组成。外壳为碳钢板焊件和一些铸件共同制成的圆筒。焰管是用 1.5～3mm 厚的耐热合金板料碾、焊接成的几段圆管，其 $l/d \approx 1$～3，焰管之前有空气扩压段。焰管将进入空气分配成几段以保证适当的燃烧混合比。第一段空气约占 1/4，从焰管前端进入，这时流速已降低至 40～60m/s 以下，再经过旋流器到燃烧区作为燃烧空气。第二段空气约占 3/4，流过焰管和外壳之间的环形空间，穿过射流孔或气缝进入燃烧区后部一定深度，渗冷燃气至所需的温度。焰管本身依靠第二股空气得到保护和冷却，焰管壁温度保持在 500～900℃。焰管利用空气膜冷却并遮护，如图 3.7 所示。火焰稳定器位于燃烧区前端，为环状围绕喷燃嘴，用来降低燃烧区局部的流速，使其小于 15～25m/s 和形成回流，使空气与燃料增加接触并使火焰稳定。

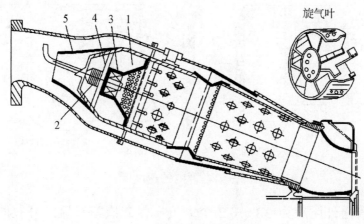

图 3.7　分管直流式燃烧室

1-隔壁；2-顺流喷油嘴；3-旋气叶；4-隔壁；5-套管

在旋风式燃烧室内，空气自外围切向进入燃烧室，在燃烧室内形成强烈的旋风，燃气从燃烧室中央排气孔排出。当燃料与空气充分扩散混合后，达到着火温度，应用电火花塞、火炬点火。

为了完成燃烧室内在过量空气和高速气流中高发热强度的燃烧，焰管内分成前段燃烧区和后段掺冷区。一次空气占空气总量的 15%～30%，先经过燃烧室，在进口焰管之前的扩压段降低了流速，再经旋流器后的焰管中形成螺旋运动。有的燃烧空气部分流过旋流器，另一部分经一次射流孔流入，如图 3.8 所示。由于气流离心力的射流作用，在焰管内壁附近是较冷的螺旋空气射流层，并在中央形成一分低压回流区，焰管燃烧区横截面上的轴向流速分布呈环状。中央回流区的低压，把燃烧后的一部分高温燃气从焰管后段抽吸回流到焰管前部，在那里形成一个烟圈状环流区。这高温的涡环不断地对新混气起着点火源的作用。二次空气沿焰管外围流动，起着气膜冷却并保护焰管的作用。它陆续通过焰管上的各排射流孔进入焰管，掺冷燃烧区的高温燃气，形成所要求的燃烧温度。

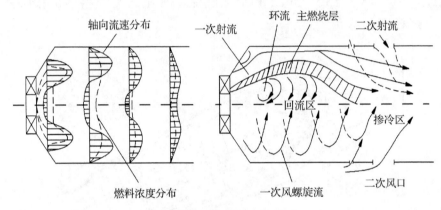

图 3.8　焰管内的速度场

焰管内外压差为 0.1～0.2 个大气压，二次空气流经开孔时的速度为 80～100m/s，二次空气射流可以穿插到燃气流的纵深而使气流掺混均匀。

进入燃烧室的气体燃料都需要增压至比燃烧区中的气压高，然后才能喷入燃烧室。煤气经过空心旋流器时，在表面小孔喷出，称预混式喷嘴。燃气压气机常由主轴增速后带动。流量不大的气体燃料采用多级离心式压气机增压，煤气热值低、流量较大的可用轴流式压气机给煤气增压并用煤气回热器预热，以提高装置效率。燃气轮机启动，煤气压力不足时，可借助燃油系统，可采用双燃料空气雾化喷油嘴，如图 3.9 所示。

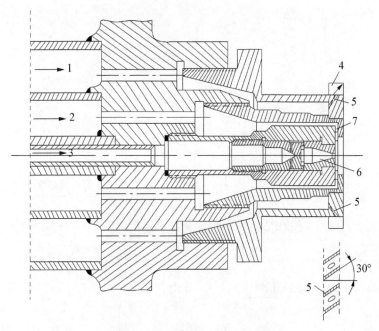

图 3.9　双燃料空气雾化喷油嘴

1-天然气供给通道；2-雾化空气供给通道；3-液体燃料供给通道；4-旋转叶片；
5-天然气喷到旋流叶片之间的喷射孔；6-液体燃料喷嘴；7-雾化空气旋转涡器

旋风式燃烧室如图 3.10 所示，燃烧室和掺冷室隔离开。燃烧室由水管冷却的耐火材料制成。

第一部分空气带动煤气自燃烧室顶部向四周喷入，第二部分空气也同样经过旋气瓣进入造成旋风。高速旋风式混合燃烧的高温燃气向上，自顶部孔进入上层掺冷室。燃气轮机燃烧室中，最高的火焰温度可达 2000℃左右，通常也在 1500～1600℃，高温分解现象在燃烧室高温区域可能发生，故经掺入第二部分约 30%的空气以促进其完全燃烧。若第二部分空气掺入，温度仍然相当高，透平的高应力不能忍受，须继续掺入，直至使透平元件无过热危险为止，燃气自掺冷室顶部导出到透平机。

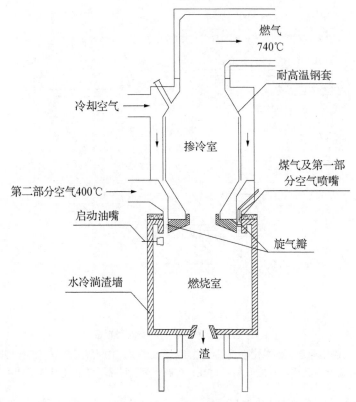

图 3.10　旋风式燃烧室

2. 地面煤气发生站煤气的燃气轮机发电

燃气透平是一种回旋式的动力机械，它由定子和转子组成。在燃气轮机中，气体工质经过压气机和燃烧室后提高了压力和温度；经过透平喷管或定叶时，由于透平喷管截面积的变化而膨胀，降低了压力和温度，相应地增加了速度，流入动叶，气体动能转化为输出功。煤在旋风式气化室中与蒸汽作用产生煤气，经过除尘器、热交换器及带动辅助透平 T_2 后，供应主机燃烧室。产生旋风的高压空气是从主压气机 K_1 中抽出一部分空气，再经辅助压气机 K_2 压缩后供气化室燃烧气化。于是，高压高温燃气在燃气主透平 T_1 中膨胀，把它所含有的势能通过动能的方式转化为机械能,带动发电机发电。系统如图 3.11 所示。

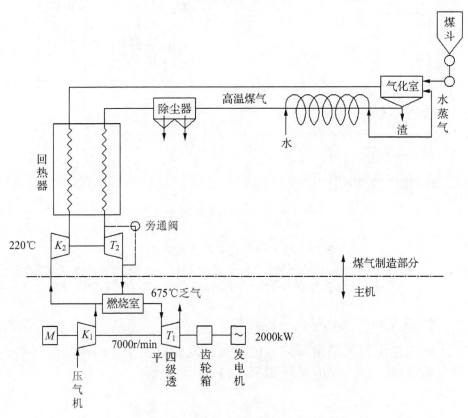

图 3.11　煤气化后用于燃气轮机

K_1-主压气机；K_2-辅助压气机；T_1-主透平机；T_2-辅助透平机；M-力矩

3. 煤炭地下气化煤气燃气透平发电

煤炭地下气化煤气从排气钻孔排出,具有很高的物理热,其中褐煤为 200℃,烟煤为 300~500℃。经净化、除尘后进入燃气轮机发电系统,重复地面煤气的燃气透平发电流程。如图 3.12 所示。

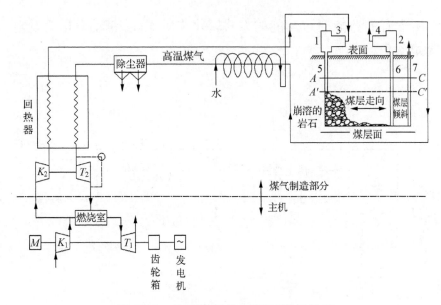

图 3.12　地下煤气化后用于燃气轮机

1~2-全角孔口；3~4-空气和煤气气管道；5~6-钻孔套管；7-排水孔套管；AC-煤层露头；
A'C'-煤层开拓线（它呈套管放入钻孔内的标线和上部工作的界线）

4. 煤炭地下气化煤气蒸汽轮机发电

蒸汽轮机装置是由锅炉、过热器、汽轮机、水泵和冷凝器等热力设备组成。蒸汽动力循环如图 3.13 所示。

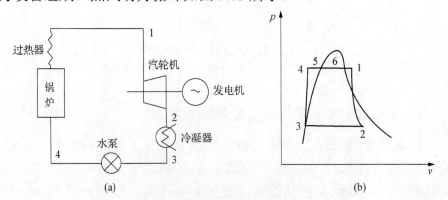

图 3.13　蒸汽动力循环

1~2-蒸汽在汽轮机中的定熵膨胀过程；2~3-乏汽在冷凝器中的定压放热过程；3~4-在水泵中的定熵压缩过程；4~1-工程在锅炉及过热器中的定压吸热过程

由于水的不可压缩性 $v_4 \approx v_3$，故在图 3-13(b)的 p-v 图上过程线 3-4 与 p 轴近似平行。

在流动过程中，把曲线 U 和 p-v 合并在一起，得 $h=U+pv$ 称为焓，单位为 kJ/mol。

在定压吸热过程 4-1 中，工质所接受的热量为

$$q_1 = h_1 - h_4$$

在定压放热过程 2-3 中，工质所放出的热量为

$$q_2 = h_2 - h_3$$

工质流经汽轮机时所做的功为

$$W_T = h_1 - h_2$$

工质流经水泵所消耗的功为

$$W_p = h_4 - h_3$$

则循环净功为上述两项功之差

$$W_o = W_T - W_p = (h_1 - h_2) - (h_4 - h_3)$$

故循环热效率为

$$\eta_t = \frac{W_o}{q_1} = \frac{(h_1 - h_2) - (h_4 - h_3)}{h_1 - h_4}$$

由于水的压缩性很小，水泵中消耗的功为

$$W_p = h_4 - h_3 = 0$$

$$即 h_3 = h_4$$

$$故 \eta_t = \frac{h_1 - h_2}{h_1 - h_4} \tag{3.6}$$

式(3.6)中各状态点的焓值 h_1、h_2、h_3(h_4)可利用 h-s 图或蒸汽表查得(见工程热力学空气和水蒸气热力性表)。从式(3.6)可以看出，热效率与汽轮机进口蒸汽的初焓 h_1、汽轮机出口乏汽的焓 h_2、冷凝水的焓 h_3 有关。而 h_1 又取决于蒸汽的初始温度 t_1 与初始压力 p_1；

h_2取决于乏气的压力p_2。例如，t_1=550℃、p_1=30bar、p_2=0.05bar，计算可得η_t=39%，进一步提高热效率还可以采取回热、再热措施。

蒸汽轮机(蒸汽透平)是以水蒸气为工质的叶轮式发动机，便于与发电机连接，是近代火力发电厂普遍采用的发电机，它能将蒸汽所携带的热能转变为机轴上的机械能，这种转变分两部分完成。先将蒸汽的热能转变为蒸汽气流的动能，蒸汽气流的动能传递给叶汽，使之最后转变为机轴上的机械能，带动发电机旋转变成电能输出。前者是在喷管内进行，后者在流槽道内完成。能量转换的主要部件是一组喷管和一圈动叶组成的工作单元(级)，蒸汽轮机是多级串联工作的设备。

单级冲击式蒸汽轮机简图如图 3.14 所示。汽轮机带动发电机将其机械能转变为电能，煤炭地下气化煤气蒸汽轮机发电系统示意图如图 3.15 所示。

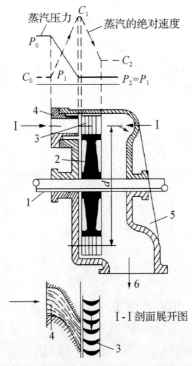

图 3.14　单级冲击式蒸汽轮机简图

1-机轴；2-叶轮；3-运动叶片；4-喷管；5-汽缸；6-乏汽口

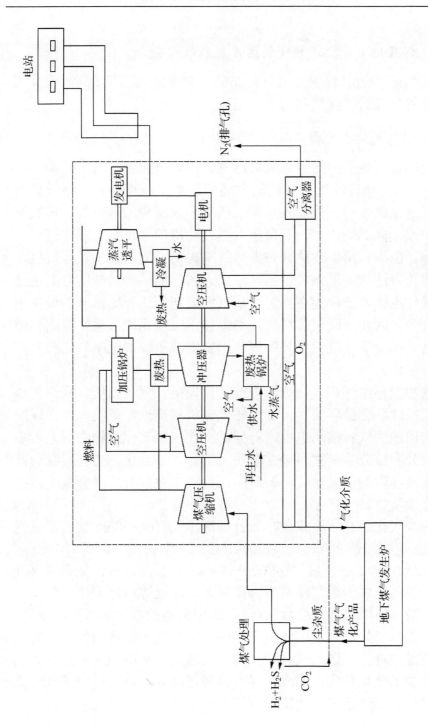

图 3.15　煤炭地下气化煤气蒸汽轮机发电系统示意图

5. 煤炭地下气化原料气的生产流程及设备

图 3.16 为近代煤炭地下气化站的工艺系统，它表示高热值煤气的主要生产过程和煤气利用示意图。

6. 煤炭气化燃气蒸汽联合循环发电

为了提高装置的热效率采取燃气蒸汽联合装置，其热效率可达 37%～50%，超过单纯的蒸汽动力装置或燃气轮机装置。燃气蒸汽混合气是在燃气中额外加入水或水蒸气掺混而成的混合气。蒸汽可由锅炉或废热锅炉产生，然后掺入燃气轮机的高压空气或燃气，一起做功。由于利用了废热锅炉，热效率提高；同时减少了压气机耗功。这种方法增加了锅炉设备及给水设备，回热器的效用主要是使循环最佳压比降低，但在高温下蒸汽的最佳压比要比燃气的最佳压比高许多。因此，燃气蒸汽循环的最佳压比就比燃气循环要高。燃料若是采用地下煤气发生炉的煤气，就组成了煤炭地下气化燃气蒸汽联合循环。

这种循环由煤炭气化炉、煤气净化设备、燃气轮机、锅炉、蒸汽轮机组成联合循环装置。除用燃气轮机和蒸汽轮机发电外，煤炭气化时用的空气和蒸汽也由本身提供。在煤炭气化过程中或之后需除去灰分和硫分等腐蚀污染性杂质。例如，结合化工过程回收活性炭、涂料、溶剂及元素硫等副产品，构成工业过程式联合系统，提高综合经济性。

煤炭气化炉有常压式(约 1bar)与高压式(10～30bar)之分。煤气有高热值煤气($20000 \sim 40000 kJ/m^3$)、中热值煤气($10000 \sim 20000 kJ/m^3$)和低热值煤气($4000 \sim 6000 kJ/m^3$)之分。中、低热值煤气使用较多，但用于燃气轮机中仍需除灰、除硫等净化工作。

煤炭气化燃气蒸汽联合循环，可采用前述的各种燃气蒸汽循环。另外，煤炭气化需要从压气机出口的压缩空气中抽出相当流量的空气；再经过增压、送入气化炉；同时由蒸汽循环中抽出一部分蒸汽一起参加煤化反应；制成的煤气再经过净化脱硫，供应燃气轮机作为燃料。空气增压压气机可由另外新燃气透平或蒸汽透平驱动。

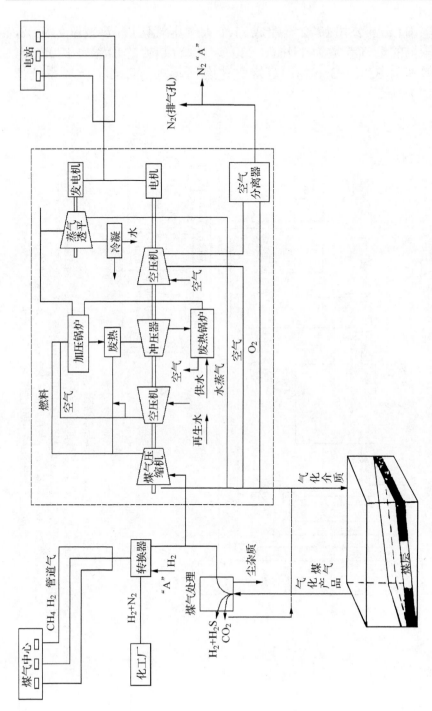

图 3.16　高热值煤气的主要生产过程和煤气利用示意图

德国Lurgi公司1972年建成21个大气压气化炉,热效率为95%,燃气轮机的燃气参数为11bar、820℃,联合装置总功率为170MW,总热效率为 33%~36.9%,煤炭气化燃气蒸汽 STEAG 循环系统如图 3.17 所示。

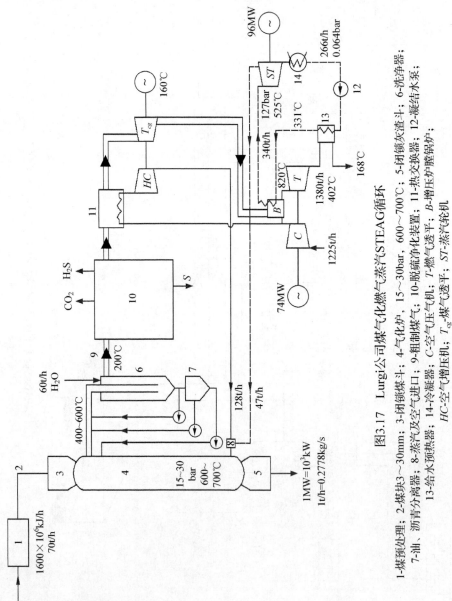

图3.17 Lurgi公司煤气化燃气蒸汽STEAG循环

1-煤预处理; 2-煤块3~30mm; 3-闭锁煤斗; 4-气化炉; 15~30bar, 600~700℃; 5-闭锁灰渣斗; 6-洗净器; 7-油、沥青分离器; 8-蒸汽及空气进口; 9-粗制煤气; 10-脱硫净化装置; 11-热交换器; 12-凝结水泵; 13-给水预热器; 14-冷凝器; *C*-空气压气机; *T*-燃气透平; *B*-增压炉膛锅炉; *HC*-空气增压机; T_{cg}-煤气透平; *ST*-蒸汽轮机

3.5　煤炭地下气化燃气电站运行参数计算

3.5.1　煤炭地下气化站的年生产能力

以图 3.16 缓倾斜或水平煤层、垂直钻孔为例介绍电站运行参数的计算。采取富氧空气做氧化剂，水蒸气做还原剂，按该系统煤气成分主要为 CO、H_2、CH_4，用于发电、合成化工产品。

煤炭地下气化站，由若干个气化盘区组成，其生产能力，视用户的需要量和煤的储量而定。但年产气量应有一定规模，例如前苏联达 $10 \times 10^8 m^3/a$ 的年产气量，美国达 $100 \times 10^8 m^3/a$ 的年产气量。煤炭地下气化站应建成化工厂和电厂的联合企业，将所生成的动力煤气供电厂作燃料，将生成的原料气供化工厂做原料。

煤炭地下气化站的煤气产量，代表着煤炭地下气化站的生产能力及其规模的大小。煤炭地下气化站的年产煤气量确定开拓盘区及其钻孔同时作业的数量,但主要是提高钻孔的排气量,增加气化速度。

煤炭地下气化站单位时间生产的煤气热能，以 Mcal/h 表示，用下式计算：

$$N_g = Q_H G \cdot 10^{-6} \tag{3.7}$$

式中，Q_H 为煤气热值，cal/m^3；G 为煤气产量，m^3/h。

通常煤炭地下气化站的生产能力，以 t/h 表示：

$$N_y = \frac{N_g}{Q_y} \cdot 10^3 \tag{3.8}$$

式中，Q_y 为 1t 煤产生的煤气的热能，kcal/t。

化工原料气的产量为

$$N_x = \alpha \cdot G \cdot 10^{-2} \tag{3.9}$$

式中，α 为煤气中含有化学原料的成分，%。

地下气化站年生产能力(Mcal/a)为

$$N = \frac{YQ_y\eta(100-b)}{10^7 A} \tag{3.10}$$

式中，Y 为气化煤量；η 为生成煤气的气化化学效率，%；b 为地下煤气损失，%；A 为地下气化站的服务年限。

煤气产率：褐煤为 2~2.5 m³ 煤气/煤 kg，烟煤为 3~4.5 m³ 煤气/煤 kg，如果煤气的热值为 800 kcal/m³，发电机效率为 0.2，而 1 kcal/m³ 的热量可发电 4186kW，则 1000 m³ 的煤气可发电 180kW。生产 1kW·h 电的热耗为 2520 kcal，煤气为 2410 kcal。

3.5.2　气化过程指标参数评价

1)煤气产率，按氮和碳平衡确定

$$V_{cg} = \frac{\text{转换成煤气的碳量}}{0.536(CO_2 + CO + CH_4 + 2C_2H_4)} \\ = \frac{C^P - C_H}{0.536(CO_2 + CO + CH_4 + 2C_2H_4)} \tag{3.11}$$

式中，C_H 为未气化部分碳的损失量；C^P 为参与气化的碳量。

2)空气消耗率(m³/kg)，按氮平衡确定

$$V_B = \frac{N_2^{cg}V^{cg}}{0.79} \tag{3.12}$$

式中，N_2^{cg} 为每立方米干煤气的氮含量，kg；V^{cg} 为干煤气的产率。

3)气化效率可利用热量与支出热量之比，可利用热量有以下两种

(1)化学效率为转变成煤气的热量与燃料热量之比。

$$\eta_g = \frac{Q_1}{Q_2} \times 100\% \tag{3.13}$$

(2)热效率为气化产物的全部热量——煤气水蒸气和焦油的物理热与化学热与进入气化燃料空气水蒸气的全部量之比。

$$\eta_g = \frac{Q_3}{Q_4} \times 100\% \tag{3.14}$$

4)气化煤量

按碳平衡计算，煤炭中碳全部转入煤气中，因此

$$W = \frac{CO_2 + CO + CH_4 \times 12 \times 100 \times G}{100 \times 22.4 \times 1000 \times K} \tag{3.15}$$

式中，W 为气化煤量，kg；G 为煤气产量，m^3；12 为碳原子量，g(1kg 煤)；22.4 为在标准状态 1 个分子碳的体积，L；K 为单位重量煤的含碳量。

化简后为

$$W = \frac{(CO_2 + CO + CH_4)G \times 0.005357}{K} \tag{3.16}$$

3.5.3　化学效率

在煤炭地下气化过程中，利用煤气成分确定气化过程的化学效率是判定煤气发生炉化学反应是否完全的一个办法。

通常气化效率是指煤气热量与被消耗的燃料热量之比(折算为工作燃料基)，气化过程的化学效率是指煤气的热量与反应燃料煤的热量的百分比。去掉气化过程燃料的化学热的各项损失，化学效率应为

$$\eta_{煤气} = \frac{B \cdot q_g}{Q_{gm}^B} \times 100\% \tag{3.17}$$

式中，B 为 1 kg 燃料气化煤所析出的煤气数，m^3；q_g 为 $1m^3$ 已知成分的煤气的高位发热值，kcal；Q_{gm}^B 为 1 kg 燃料气化煤的高位发热量，cal。煤炭地下气化化学损失很难确定，利用煤气成分确定效率就显得十分重要。用摩尔数(kmol)表示煤气中所含气体组分的量表达式为

$$\frac{a \cdot n}{22.4} \tag{3.18}$$

式中，a 为气体立方米数，m^3；n 为该气体组成中元素原子数。

若以 $1000\,m^3$ 煤气计算，通过鼓风进入的氧原子的数量(kmol)为

$$O_\alpha = \frac{1000 \times 2}{22.4} \cdot N_2 \frac{21}{79 \times 100} \tag{3.19}$$

式中，N_2 为煤气中氮含量的体积百分数。

煤气析出量(m^3/kg)为

$$B = \frac{C}{0.536\Sigma\left(CO_2 + CO + CH_4\right)} \tag{3.20}$$

式中，C 为气化煤中碳含量的百分数(重量)。

燃料气化煤的高位发热量计算式为

$$Q_{rm}^R = \left(89.1 - 0.0621 \times C\right)C + 270\left(H - 0.1 \times O\right) + 25 \times S$$

式中，C、H、O 与 S 为燃料气化煤的成分，按重量百分数计算(表 3.2)。

表 3.2　莫斯科近郊气化站煤气成分(体积百分数)

H_2S	CO_2	C_mH_n	O_2	CO	H_2	CH_4	N_2	Q_P^n	Q_P^n
1.98	18.0	0.2	0.2	5.8	16.0	1.22	56.6	861	957

表 3.3　莫斯科近郊气化站煤气中不同组分的摩尔数

煤气组分	kmol				总计
	C	H	O	S	
H_2S	—	1.77	—	0.89	2.66
CO_2	8.05	—	16.10	—	24.15
CO	2.59	—	2.59	—	5.18
H_2	—	14.30	—	—	14.30
CH_4	0.55	2.18	—	—	2.73
总计	11.19	18.25	18.69	0.89	49.02
由鼓风中送入量			13.30		
气化体(煤)	11.19	18.25	5.39	0.89	35.72

注：气化体为直接转化为煤气的那部分燃料(包括 C、H、O 与 S 各成分)。

将表 3.3 中的气化体(煤)以原子量乘以摩尔数表示得出质量：

C	H	O	S	Σ
11.19×12=134	18.25×1=18.25	5.39×16=86.3	0.89×32=23.5	267.05

换算成质量百分比：

134/267.05=50.2	6.8	32.3	10.7	100.0

$$B = \frac{50.2}{0.536(18+5.81+1.22)} = 3.75$$

$$Q_{gm}^B = (89.1-0.0621\times50.2)50.2 + 270(6.8-0.1\times32.3) + 25\times10.7 = 5543$$

$$\eta_{煤气} = \frac{3.75\times957\times100}{5543} = 64.9\%$$

对于空气煤气，化学效率表示 C 和 O_2 化学反应程度，用热能表示的一种方法产品是煤气中 CO_2 的摩尔数。效率的大小与 C 和 O_2 的消耗对应，两者表示同一个意思，空气煤气按体积计，大部分是 N_2，CO_2 的体积份额只有 18%。

CO_2 在 $100\,m^3$ 煤气中含量为 $18\,m^3$，CO_2 在 $1000\,m^3$ 煤气中含量为 $180\,m^3$。由 $\dfrac{a \cdot n}{22.4}$，$a = 180\,m^3$，在 CO_2 中 C 的原子数为 1，所以，CO_2 内碳的原子摩尔数为 $\dfrac{180 \times 1}{22.4} = 8.01$，$CO_2$ 中 O 的原子数为 2，所以 CO_2 内氧的原子摩尔数为 $\dfrac{180 \times 2}{22.4} = 16.08$，从煤气的化学效率看，该站的能量转化运行正常。

结束语——投入与展望

　　本书用 3 个篇章介绍了煤炭的化学能在原产地下转化为煤气化学能的过程，阐明了燃气轮机与蒸汽轮机中机械能转化为电能的设备、理论与系统，完成了造福于人类的能量转化过程。

　　远古的光合作用和煤炭在形成过程中有机质的自然转化产生了煤层气，它与煤层共存。为了提高煤炭资源的利用率和煤的回收率，科学技术发展到现代，地下采煤只用机械的方法，已经满足不了资源回收的要求了，它只能回收 50%的煤炭资源。大量煤炭白白浪费在地下。为了最大限度地回收煤炭资源，现代化的采煤技术应包括预抽瓦斯、井下机械化采煤和煤炭地下气化(化学采煤)。煤炭开采的整体设计应包括，在预抽瓦斯后，适合机械化开采的煤层采用机械化方法开采，适合煤炭地下气化开采的煤层采用化学方法开采。